環境エネルギー

化学工学会　編

共立出版

執筆者一覧　(担当章)

板谷	義紀	岐阜大学大学院工学研究科	(まえがき・編集)
神原	信志	岐阜大学大学院工学研究科	(第1章)
中川	二彦	岡山県立大学情報工学部	(第2章)
石田	宏	東邦ガス株式会社	(第3章)
西田	哲	岐阜大学大学院工学研究科	(第4章)
西山	明雄	中外炉工業株式会社	(第5章)
小林	信介	岐阜大学大学院工学研究科	(第6章)
窪田	光宏	名古屋大学大学院工学研究科	(第7章)
祖父江	努	リンナイ株式会社	(第8章)
近藤	良夫	日本ガイシ株式会社	(第9章)
保田	耕三	三井化学株式会社	(第10章)

まえがき

　エネルギーおよびエネルギー資源を取り巻く世界情勢はますます混沌としてきている．エネルギーは政治的，経済的にも戦略的な安全保障が求められることもあり，その動向によってはエネルギー技術の大きな転換が要求されるため，長期的なエネルギー技術の展望を描くことが困難になりつつある．人類は歴史的に石炭から石油への転換，石油危機，温暖化問題などのエネルギー情勢の大きな転換を経験してきている．わが国ではそれらを契機として，度重なるエネルギー中長期計画を見直しつつ技術ロードマップ策定とそれに沿ったエネルギー利用技術の研究開発を産官学連携しつつ実施することにより，世界最先端技術で対応してきた．しかしこれまでの技術開発の成果として，最高水準のエネルギー技術を開発・維持してきたにもかかわらず，近年のグローバルな環境問題に対しては，国際的な評価が必ずしも高いとはいえない．

　この大きな要因としては，対外的なアピール力の低さを痛切に実感するが，それに加えて世界各国の政治，経済を中心とする戦略的思惑が交錯している中で，わが国の技術戦略をグローバルに位置付ける視点がやや欠けていたのではないかと考えられる．あらゆる産業，運輸，民生分野における省エネルギー，エネルギー変換，汚染物質削減，再生可能エネルギーをはじめとする多岐にわたる環境エネルギー技術開発に真摯に取り組んできているが，そのほとんどはわが国での展開を前提としたものであり，現状での社会システムへの導入が困難，経済性や規制緩和が十分でないことなどから実用化に至っていないケースも多い．しかし，たとえば他国に視点を向けた場合には，それぞれの国の実情に合わせてチューニングをすることにより十分技術移転の可能性を有している．このような観点から，環境エネルギーに関わる最先端技術全般を見直しつつ整理することにより，新たな展開を模索することは有意義であろう．

　本書では，環境エネルギー技術について体系化しつつ，個別の具体的な要素技術を解説することにより，各分野のエネルギーに関わる技術者にとって技術

動向を一望して，新たな技術開発のヒントとなるだけでなく，次世代の技術立国を担う学生の学修にも役立つことを目指して編纂した．

　今後ますますわが国のエネルギー安全保障が重要になる反面，エネルギー技術の方向性が不透明になることは論を待たない．このような情勢の中で，これまで確立されてきたあらゆる技術を伝承しつつ，それらをさらにブラシュアップしつつ情勢に即した技術転換に速やかに対応できる体制が求められる．本書が少しでもこのような面で参考になれば幸いである．

　最後に本書の発刊に際して，共立出版（株）の瀬水勝良氏には原稿の確認から編集に至るまで細部にわたり大変お世話頂いた．ここに深く謝意を表したい．

　2016 年 1 月

編集　板谷 義紀

目　次

第1章　環境エネルギー総論

1.1　はじめに……………………………………………………………………… *1*
1.2　火力発電システム…………………………………………………………… *2*
　　1.2.1　エネルギー変換サイクル ………………………………………… *2*
　　1.2.2　発電効率 …………………………………………………………… *4*
　　1.2.3　発電効率向上の歴史 ……………………………………………… *9*
　　1.2.4　熱損失 ……………………………………………………………… *12*
1.3　微粉炭燃焼…………………………………………………………………… *13*
　　1.3.1　燃焼過程の概観 …………………………………………………… *14*
　　1.3.2　揮発化過程とチャー燃焼過程 …………………………………… *14*
　　1.3.3　未燃分 ……………………………………………………………… *15*
1.4　燃焼生成物…………………………………………………………………… *17*
　　1.4.1　窒素酸化物の生成経路 …………………………………………… *17*
　　1.4.2　微量元素 …………………………………………………………… *19*
1.5　窒素酸化物の抑制…………………………………………………………… *21*
　　1.5.1　燃焼の工夫によるNO_x生成抑制の原理 ……………………… *21*
1.6　窒素酸化物の除去（脱硝）………………………………………………… *23*
　　1.6.1　選択的触媒還元法 ………………………………………………… *23*
　　1.6.2　無触媒脱硝法 ……………………………………………………… *25*
　　1.6.3　活性炭吸着法（同時脱硫脱硝）………………………………… *26*
1.7　最新の技術動向……………………………………………………………… *27*
　　1.7.1　脱硝技術の動向 …………………………………………………… *27*
　　1.7.2　新しい脱硝・脱水銀技術 ………………………………………… *28*
1.8　おわりに……………………………………………………………………… *31*

第2章　地域分散型エネルギーシステム

2.1　はじめに……………………………………………………………………… *33*

2.2	工場や家庭の局所最適化から地域や国全体の最適化へ	*33*
2.3	エネルギー利用率とエネルギー回生	*34*
2.4	エネルギー創出	*37*
2.5	双方向システム	*40*
2.6	おわりに	*46*

第3章　HEMS技術とその動向

3.1	はじめに	*49*
3.2	HEMSとは	*49*
	3.2.1　HEMSの概要	*49*
	3.2.2　HEMSの構成	*50*
3.3	HEMSの主な機能	*51*
	3.3.1　見える化機能	*51*
	3.3.2　エネルギー機器・家電の省エネ制御機能	*51*
	3.3.3　蓄電池, EV/PHVへの充放電制御機能	*52*
	3.3.4　デマンドレスポンス機能	*52*
3.4	国のHEMS政策について	*53*
	3.4.1　HEMS導入補助金の交付	*53*
	3.4.2　HEMS関連通信規格の標準化	*53*
3.5	国家プロジェクト実証の推進	*56*
	3.5.1　スマートコミュニティ実証	*56*
	3.5.2　早稲田大学EMS新宿実証	*56*
	3.5.3　大規模HEMS情報基盤整備事業	*56*
	3.5.4　HEMS関連事業者の動向	*57*
3.6	今後の方向性	*61*
3.7	おわりに	*63*

第4章　太陽光発電技術の動向

4.1	はじめに	*65*
4.2	各種太陽電池の紹介	*65*
	4.2.1　シリコン系太陽電池	*67*
	4.2.2　化合物系太陽電池	*69*

　　　　4.2.3　有機系太陽電池……………………………………………… 70
4.3　太陽光発電の現状…………………………………………………………… 71
　　　　4.3.1　発電量と導入量……………………………………………… 71
　　　　4.3.2　発電コスト …………………………………………………… 73
　　　　4.3.3　エネルギーならびにCO_2の削減効果について ……………… 73
4.4　太陽光発電の課題…………………………………………………………… 74
4.5　おわりに……………………………………………………………………… 76

第5章　バイオマスエネルギー利用技術

5.1　はじめに……………………………………………………………………… 79
5.2　バイオマスのエネルギー利用を巡る最近の動き………………………… 79
5.3　バイオマスエネルギー回収技術…………………………………………… 86
　　　　5.3.1　バイオマスエネルギーの上手な利用方法………………… 86
　　　　5.3.2　バイオマスエネルギー回収システムの概要……………… 87
　　　　5.3.3　バイオマス燃焼技術………………………………………… 89
　　　　5.3.4　バイオマスガス化技術……………………………………… 93
　　　　5.3.5　発電技術……………………………………………………… 95
5.4　バイオマス発電所の設計と導入可能性検討………………………………100
　　　　5.4.1　プロセス選定の考え方………………………………………102
　　　　5.4.2　コージェネプラントの基本設計手順と計算例……………105
　　　　5.4.3　バイオマス事業の経済性評価………………………………108
5.5　おわりに………………………………………………………………………110

第6章　低品質有機炭素資源とその利用技術

6.1　はじめに………………………………………………………………………111
6.2　有機炭素燃料の分類と発生量………………………………………………112
　　　　6.2.1　有機炭素燃料の有効発熱量…………………………………112
　　　　6.2.2　有機炭素燃料の組成…………………………………………114
6.3　有機炭素燃料の装置による分類……………………………………………117
6.4　低品質有機炭素燃料の反応性………………………………………………119
6.5　低品質有機炭素資源量………………………………………………………120
6.6　低品質有機炭素資源の利用技術……………………………………………122

6.6.1　廃棄物利用の動向 ·· 122
　　　6.6.2　有機廃棄物の固体燃料（ペレット・ブリケット）······· 123
　　　6.6.3　炭化および半炭化処理 ·· 125
　　　6.6.4　生物発酵処理 ·· 126
　　　6.6.5　水熱処理 ·· 128
3.7　おわりに ·· 131

第7章　ヒートポンプ技術の現状と今後

7.1　はじめに ·· 135
7.2　ヒートポンプの概要 ·· 135
　　　7.2.1　ヒートポンプの分類 ·· 135
　　　7.2.2　ヒートポンプ技術に対する社会的ニーズ ··············· 136
　　　7.2.3　ヒートポンプの効率 ·· 138
7.3　CO_2冷媒ヒートポンプ ·· 140
　　　7.3.1　冷媒としてのCO_2の特徴 ····································· 141
　　　7.3.2　CO_2冷媒ヒートポンプ給湯器の作動原理 ············ 142
　　　7.3.3　CO_2冷媒ヒートポンプの効率 ······························ 144
　　　7.3.4　CO_2冷媒ヒートポンプの現状 ······························ 145
　　　7.3.5　温熱生成ヒートポンプの今後 ································· 146
7.4　熱駆動式ヒートポンプ ·· 148
　　　7.4.1　熱駆動式ヒートポンプの作動原理 ························· 148
　　　7.4.2　熱駆動式ヒートポンプの現状 ································· 151
　　　7.4.3　熱駆動式ヒートポンプの効率 ································· 152
　　　7.4.4　熱駆動式ヒートポンプの今後 ································· 153
7.5　おわりに ·· 154

第8章　未来型家庭用ガス給湯器

8.1　はじめに ·· 157
8.2　ガス給湯器の発展と成熟 ·· 157
　　　8.2.1　単能機から複合機へ ·· 157
　　　8.2.2　ガス給湯器の作動原理 ·· 157
　　　8.2.3　ガス給湯器のバーナー ·· 160
　　　8.2.4　ガス給湯器の高効率化の要望 ································· 163

8.3 ヒートポンプ給湯機 167
    8.3.1 エコキュートの作動原理 167
    8.3.2 エコキュートの特徴 167
8.4 ハイブリッド給湯・暖房システム「エコワン」の開発 168
    8.4.1 エコワンの作動原理 170
    8.4.2 新冷媒 R32 173
    8.4.3 エコワンの省エネ性 173
    8.4.4 エコワンのまとめ 177
8.5 ガス給湯器の将来 177
    8.5.1 バーナーの進化 177
    8.5.2 エコワンの将来 178
8.6 おわりに 179

第9章 波長制御放射加熱システム

9.1 はじめに 181
9.2 従来における赤外線加熱と波長制御 182
9.3 乾燥工程への適用上の従来型赤外線ヒータの問題点 184
9.4 近赤外線の利用 185
9.5 近赤外選択型波長制御ヒータの原理 185
9.6 ハード機構等 188
9.7 近赤外波長制御の効果 189
9.8 波長制御 190
9.9 遠赤外波長域における波長制御 191
9.10 波長制御ヒータを用いた解析技術 192
    9.10.1 ふく射要素法 192
    9.10.2 光伝播解析 193
    9.10.3 ふく射乾燥炉内蒸発過程解析 195
9.11 おわりに 198

第10章 化学・素材産業における環境エネルギー技術

10.1 はじめに 201
10.2 化学産業における省エネ技術の展望 201

10.3 省エネルギーIPA（イソプロピルアルコール）製造プラントの例 …… 205
    10.3.1 プロジェクトの背景 ………………………………………… 205
    10.3.2 ラボスケール試験：触媒開発 ……………………………… 206
    10.3.3 パイロットスケール試験①：反応パイロット設備による
            反応成績の確認 ……………………………………………… 207
    10.3.4 プロセス概念設計：蒸留精製システムの構築 …………… 208
    10.3.5 プロセス概念設計〜熱回収システムの構築 ……………… 211
    10.3.6 パイロットスケール試験②：〜蒸留パイロット設備による
            製品試作 ……………………………………………………… 213
    10.3.7 プラント基本設計 …………………………………………… 213
    10.3.8 プラント詳細設計・建設 …………………………………… 214
    10.3.9 プラント試運転 ……………………………………………… 214
10.4 おわりに ……………………………………………………………… 215

   索 引 ………………………………………………………………… 217

1　環境エネルギー総論

1.1　はじめに

　わが国の環境エネルギー分野全体の社会的動向は,「エネルギー白書」[1] と「環境白書」[2] で把握することができる．エネルギー白書は，国内外のエネルギー需給の概要や，一次エネルギー・二次エネルギーの動向に関する基本的なデータ集である．東日本大震災後のわが国のエネルギー需給は大きく変化したことから，将来のエネルギー技術開発の方向性を見通すためには，エネルギー白書を参考に最新のデータに基づくことが重要である．環境白書は，エネルギー利用による直接的な環境問題だけではなく，生物多様性の保全および持続可能な利用，循環型社会の形成，大気環境・水環境・土壌環境等の保全，低炭素社会の構築，化学物質のリスク評価・管理といった多方面からの観点で構成されたデータ集である．エネルギーの利用は確実に環境負荷を増大させるため，このような多方面からの観点で環境リスクを最小化する環境技術の開発が必要となろう．

　環境・エネルギーの技術分野は，時代時代の社会的要請にも影響され，非常に複雑化かつ高度化してきたが，その基礎技術はエネルギー変換の高効率化と燃焼，および環境負荷物質の発生・抑制の原理にある．本章では，微粉炭火力発電プロセスを例として，熱効率，燃焼，環境負荷物質の発生・抑制について基本的事項と原理を述べる．さらに，環境負荷物質の除去に関して最新の技術について触れる．

1.2 火力発電システム

1.2.1 エネルギー変換サイクル

環境エネルギー問題を工学的に取り扱うための基礎として,熱を仕事に変換する効率(熱力学第2法則)について正確に理解する必要がある.熱効率を考察するための熱損失のない理想的な熱機関をカルノーサイクルという[3].熱効率 η は熱機関の性能を表す重要な指標の1つであり,特にカルノーサイクルの η は理論最大熱効率を意味する.カルノーサイクルで入熱量 Q_H[J],出熱量 Q_L[J] としたときの η は次式で定義される.ここで Q_L=0 J とすることはできないため, η=1.0(100%)にならないことが第1の基礎的事項である.

$$\eta = \frac{仕事量}{入熱量} = \frac{Q_H - Q_L}{Q_H} = 1 - \frac{Q_L}{Q_H} \tag{1.1}$$

式(1.1)を熱機関の入口温度(高温)T_H[K] と出口温度(低温)T_L[K] で整理すると次式となり, η は高温熱源の温度と仕事後の低温熱源の温度のみで決定されることが第2の基礎的事項である.

$$\eta = 1 - \frac{Q_L}{Q_H} = 1 - \frac{T_L}{T_H} \tag{1.2}$$

さて,熱から電気へのエネルギー変換サイクルには,蒸気タービンを用いるランキンサイクルとガスタービンを用いるブレイトンサイクルがある.さらにガスタービンと蒸気タービンを組み合わせた複合サイクル(コンバインドサイクル)がある(図1.1).

図1.2に代表的なランキンサイクルの火力発電プロセスを模式的に示した.ランキンサイクルでは,石炭やバイオマス,廃棄物などの固体燃料,または天然ガスなどの気体燃料をボイラーで燃焼し,その熱で水を加熱して高温高圧の過熱蒸気を得て蒸気タービンに供給し,タービンの回転力で発電機を駆動して発電する.過熱蒸気の温度は,811~883 K である.式(1.2)からわかるように,高温熱源の温度 T_H は熱効率に直接関係するため,過熱蒸気温度を1 K でも高くすることが熱効率向上のための基本である.

ブレイトンサイクル(図1.3)は,天然ガスを燃焼して 1373 K 以上の高温

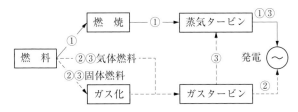

図 1.1 エネルギー変換サイクルの種類：①ランキンサイクル，②ブレイトンサイクル，③コンバインドサイクル

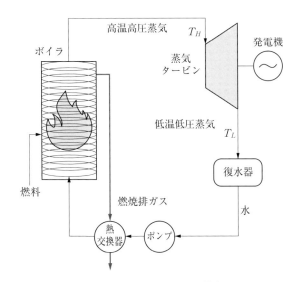

図 1.2 ランキンサイクルの模式図

の燃焼排ガスを得て，その推進力でガスタービンを駆動して発電するサイクルである．ブレイトンサイクルにおける式 (1.2) の T_H は，蒸気タービンよりも十分高いものの，ガスタービン出口の排ガス温度 T_L はまだ十分に高温である．そのため，ガスタービン出口排ガスをボイラーに入熱して水蒸気を作り，蒸気タービンで発電するコンバインドサイクルを構成し，熱効率を高めることが行われる．固体燃料を高温雰囲気で蒸し焼きするようにしてガスにしてから（ガス化）燃焼し，コンバインドサイクルとする技術もある．

コンバインドサイクルの熱効率 η_c は，ガスタービンの熱効率 η_g と蒸気タービンの熱効率 η_r の組み合わせであるから（図 1.1 参照），次式で表され，ラン

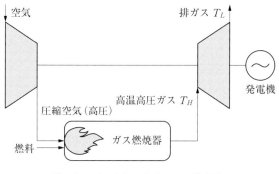

図 1.3　ブレイトンサイクルの模式図

キンサイクルやブレイトンサイクル単独の熱効率よりも高くなる．

$$\eta_c = \eta_g + (1-\eta_g) \times \eta_r \tag{1.3}$$

1.2.2　発電効率

前項ではカルノーサイクルの熱効率を考えた．ここでは，実際のエネルギーサイクルにおける熱効率について考える．実際の発電プラントの熱効率も式(1.1)で定義されるが，入熱量と仕事量を式(1.4)のように表記すると理解しやすい．この熱効率は，発電効率と総称されることも多いが，単位時間に投入した熱量 H と単位時間の発電量 P にそれぞれ異なる定義があるため，注意が必要である．

$$\eta = \frac{仕事量}{入熱量} = \frac{単位時間の発電量, P[\mathrm{W}]}{単位時間に投入した燃料の熱量, H[\mathrm{W}]} \tag{1.4}$$

(1)　高位発熱量と低位発熱量

式(1.4)における燃料の熱量 H の基準には，高位発熱量（High Heating Value：HHV）基準と低位発熱量（Low Heating Value：LHV）基準がある．高位発熱量は，単位重量の燃料を完全燃焼させたときに発生する熱量 [$\mathrm{J\ kg^{-1}}$] で，JIS M 8814 に規定された熱量計を用いて測定される．高位発熱量は総発熱量とも称され，燃焼エンタルピーにほぼ等しい．低位発熱量は真発熱量とも称され，燃料に含まれる水分と反応により生成する水分の蒸発潜熱を高位発熱量から差し引いた発熱量で，ボイラーで利用できる熱量に等しい．燃料中の水

1.2 火力発電システム

表 1.1 石炭の分析値の例

大項目	小項目	単位	基準	測定値 1回目	測定値 2回目	平均	報告値 気乾	報告値 無水	報告値 無水無灰
全水分		wt%	到着	A 6.2	B 6.2	-	12.0	-	-
HGI		-	気乾	52.6	52.8	52.7	53	-	-
発熱量		MJ/kg	気乾	28.2	28.2	28.2	28.2	30.0	33.6
工業分析	水分	wt%	気乾	6.06	6.15	6.10	6.1	-	-
	灰分	wt%	気乾	9.96	10.02	9.99	10.0	10.6	-
	揮発分	wt%	気乾	32.89	32.78	32.84	32.8	34.9	39.1
	固定炭素	wt%	計算値	-	-	-	51.1	54.4	60.9
	燃料比	-	計算値	-	-	-	1.56	-	-
元素分析	炭素	wt%	気乾	68.19	68.34	68.26	68.3	72.7	81.4
	水素	wt%	気乾	5.37	5.35	5.36	4.7	5.0	5.6
	窒素	wt%	気乾	1.82	1.82	1.82	1.8	1.9	2.2
	燃焼性硫黄	wt%	計算値	-	-	-	0.4	0.4	0.5
	酸素	wt%	計算値	-	-	-	8.7	9.3	10.4
	全硫黄分	wt%	気乾	0.419	0.416	0.418	0.42	0.44	-
	灰中硫黄分	wt%	灰	0.165	0.172	0.168	-	-	-
	塩素	ppm	気乾	321			321	342	-
	フッ素	ppm	気乾	125			125	133	-
CSN			気乾	1	1	1	1	-	-
灰溶融温度	酸化 IDT	℃	-	1150					
	酸化 HT	℃	-	1460					
	酸化 FT	℃	-	1480					
	還元 IDT	℃	-	1230					
	還元 HT	℃	-	1390					
	還元 FT	℃	-	1420					
灰組成	SiO_2	% in ash	-	62.68					
	AL_2O_3	% in ash	-	23.31					
	TiO_2	% in ash	-	1.04					
	Fe_2O_3	% in ash	-	5.65					
	CaO	% in ash	-	2.60					
	MgO	% in ash	-	1.14					
	Na_2O	% in ash	-	0.40					
	K_2O	% in ash	-	1.43					
	P_2O_5	% in ash	-	1.22					
	MnO	% in ash	-	0.06					
	V_2O_5	% in ash	-	0.03					
	SO_3	% in ash	-	0.42					
	NiO	% in ash	-	-					

粒度分布			
>50mm	%	-	0.0
50-25	%	-	2.9
25-15	%	-	6.8
15-10	%	-	13.8
10-5	%	-	22.3
5-2	%	-	24.4
2-1	%	-	14.9
1-0.5	%	-	9.2
0.5-0.25	%	-	3.6
<0.25mm	%	-	2.1
測定量	g	-	2200

微量元素	単位	1回目	2回目	報告値
Hg	mg/kg,db			0.020
B	mg/kg,db			44.4
Se	mg/kg,db			0.10
As	mg/kg,db			0.64
Cd	mg/kg,db			
Pb	mg/kg,db			
Cr	mg/kg,db			

分が多くなるほど，低位発熱量は高位発熱量に比べより小さい値となる．

石炭の場合，元素分析値が既知であれば，式 (1.5) のデュロン（Dulong）式により精度良く高位発熱量 H_h[MJ/kg-coal] を推算することができる．

$$H_h = 33.8c + 144.2(h - o/8) + 9.41s \tag{1.5}$$

ここで，c, h, o, s はそれぞれ，石炭中の炭素，水素，酸素，硫黄の質量分率 [-] である．

低位発熱量 H_l[MJ/kg-coal] は，石炭 1 kg 当たりに発生する水蒸気量 G_i[kg-H$_2$O/kg-coal] をもとに次式で推算することができる．m は石炭中水分の質量分率 [-] である．

$$H_l = H_h - 2.443 G_i \tag{1.6}$$

$$G_i = 8.937h + m \tag{1.7}$$

(2) 石炭分析値の基準

石炭の高位発熱量と低位発熱量を Dulong 式で推算する場合，分析値の基準に注意しなければならない．表 1.1 は瀝青炭の分析例である．これらの分析方法は JIS に規定されており，たとえば，工業分析は M 8812，元素分析は M 8819，発熱量は M 8814，灰組成分析は M 8815，全水分は M 8820 に準拠して分析される．

分析値の基準は表 1.1 にあるように，到着ベース（as received：ad），気乾ベース（air dry basis：ad），無水ベース（dry basis：db）および無水無灰ベース（dry ash free：daf）がある．

到着ベースは，石炭を貯炭場に揚炭したときの水分，すなわち全水分を石炭中水分とする．気乾ベース（ad）は，工業分析において気乾水分 M% を石炭中水分とし，灰分 Ash%，揮発分 VM%，固定炭素 FC% の合計を 100% とする．

$$M + Ash + VM + FC = 100\% \tag{1.8}$$

また，元素分析の場合は炭素 C%，水素 H%，窒素 N%，酸素 O%，硫黄 S% を用いて，次式とする．

$$M + Ash + C + H + N + O + S = 100\% \tag{1.9}$$

無水ベース（db）は M を除いた合計を 100% とする．元素分析では

$$Ash + C + H + N + O + S = 100\% \tag{1.10}$$

とし，無水無灰ベース（daf）は M と Ash を除いた合計を100%とする．

$$C+H+N+O+S=100\% \qquad (1.11)$$

気乾ベースの分析値，たとえば $C\%$, ad を無水ベース $C\%$, db とするには

$$C\%, \mathrm{db} = (C\%, \mathrm{ad}) \times \frac{100}{100-M} \qquad (1.12)$$

で変換すればよい．

火力発電プラントの熱効率を算出する場合，ボイラーに供給される直前の微粉炭の水分を用いることが望ましいが，その測定は困難なため気乾ベースの水分を用いることが多い．

表1.1の気乾ベース分析値を用いて，式（1.5）〜（1.7）で高位発熱量 H_h と低位発熱量 H_l を推算すると，

$m=M/100=0.061$, $c=C/100=0.683$, 同様に，$h=0.047$, $o=0.087$, $s=0.004$ であるから，$H_h=28.3$ MJ/kg-coal, $H_l=27.1$ MJ/kg-coal と計算される．実測の $H_h=28.2$ MJ/kg-coal であるから，Dulong 式の信頼性は高いことがわかる．

(3) 発電端効率と送電端効率

発電効率には，発電端効率 η_G と送電端効率 η_N があり，式（1.4）における発電量 P の定義が異なる．発電端効率での P は，発電機で発電された電力そのものである．一方，送電端効率での P は，発電機で発電された電力から所内電力を差し引いたものである[4]．

ここで所内電力について説明する．図1.4 は微粉炭火力発電プロセスの外観と機器構成である．プロセスは，貯炭・払い出し，粉砕，ボイラ，排煙処理（脱硝および脱硫），電気集塵・灰処理，排水処理，通風ファン，管理運用（事務所など）の設備からなる．所内電力は，発電に関連するこれらすべての設備が消費する電力の合計であり，実測して値を得る．

表1.1の石炭を1時間に 320 トン消費して 1000 MWh を発電した場合の発電端効率 η_G は，式（1.4）に従って次式のように計算すると，HHV 基準で 0.399（39.9%）となる．

$$\eta_G = \frac{(1000)(3600)}{(28.2)(320 \times 1000)} = 0.399 \qquad (1.13)$$

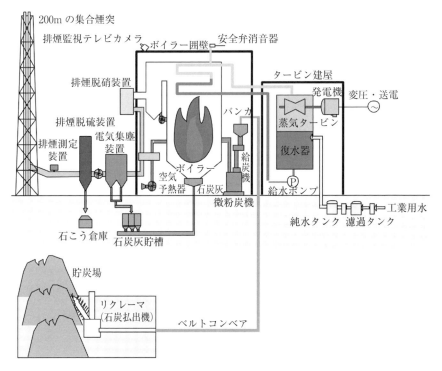

図 1.4 微粉炭火力発電プロセスの外観と機器構成

また，LHV 基準の η_G では，石炭の低位発熱量 27.1 MJ/kg-coal を適用し

$$\eta_G = \frac{(1000)(3600)}{(27.1)(320\times 1000)} = 0.415 \tag{1.14}$$

となる．

以上の手順で発電端効率を計算する手法を「入力-出力法」といい，最も簡便な熱効率の算出方法である．これに対し，「入力-損失法」といい，ボイラーにおける熱損失やプラント全体の熱損失，タービンおよび復水器の熱損失から発電端効率を求める方法もある（後述）．

さて，上記例題で所内電力を仮に 60 MWh とすると，送電端効率 η_N は HHV 基準で

$$\eta_N = \frac{(1000-60)(3600)}{(28.2)(320\times 1000)} = 0.375 \tag{1.15}$$

LHV 基準では，以下のように計算される．

$$\eta_N = \frac{(1000-60)(3600)}{(27.1)(320\times1000)} = 0.390 \tag{1.16}$$

このように，HHV 基準の発電効率＜LHV 基準の発電効率となることから，発電効率を比較する場合はその基準に注意しなければならない．

1.2.3 発電効率向上の歴史

冒頭で，カルノーサイクルのモデルから熱効率は高温熱源の温度と仕事後の低温熱源の温度のみで決定されることを述べた．ここでは実際の火力発電ボイラーにおける高温熱源（過熱蒸気）発生方法について基礎的事項を述べた上で，発電効率向上の歩みを理解する．

(1) ボイラーの種類

過熱蒸気をつくるためのボイラー伝熱管での水循環方法として，自然循環式，強制循環式，貫流式の3つの方式がある（図1.5）．大規模事業用火力発電プラントの場合，貫流式ボイラーが用いられる．一般産業などにおける小・中規模の自家発電用火力プラントでは，自然循環式または強制循環式がみられ

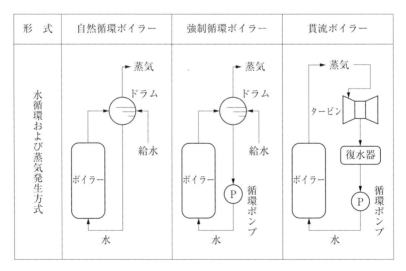

図1.5 蒸気発生方式（水循環方式）の種類

る．

　自然循環ボイラーは，蒸気ドラムと水管で構成される．ボイラー内に水管壁が設置される．水管内で発生した蒸気は，水と蒸気の比重差を推進力として自然循環する．蒸気はドラムから取り出して利用する．取り出した蒸気の分，蒸気ドラムには給水が必要である．蒸気圧力は，亜臨界圧域 18.3 MPa 程度である．蒸気をもう少し高圧にしたい場合には，循環ポンプで水を強制的に送り出す強制循環式となる．その蒸気圧力は，亜臨界圧域 19.7 MPa 程度である．

　貫流ボイラーは，給水（強制循環）ポンプ，水管，タービン，復水器で構成される．ボイラーで作られた過熱蒸気は，タービンで仕事をした後，復水器で水に戻され，再び給水ポンプに戻る．蒸気圧力は，超臨界圧（22.064 MPa 以上）に至る．

(2) 主蒸気温度と再熱蒸気温度

　火力発電プラントの熱効率には，主蒸気と再熱蒸気の温度が関係する．**図 1.6** は，貫流ボイラーにおける蒸気流れの例である．給水ポンプから送られた水は，まず節炭器（Economizer：Eco）で予熱される．次に，ボイラー壁にスパイラル状にはりめぐらされた水管を通って徐々に高温の蒸気が作られ，一次

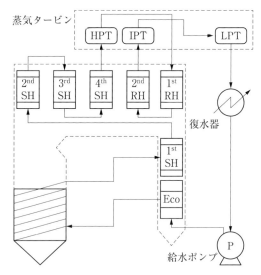

図 1.6　火力発電ボイラーによる高温蒸気発生方法（主蒸気と再熱蒸気）

過熱器（1st Super Heater：SH），二次過熱器，三次過熱器，四次過熱器を通って最終的な高温高圧の「主蒸気」となって，高圧タービン（High Pressure Turbine：HPT）に入る．高圧タービンで発電の仕事をした蒸気は，再度ボイラーの中に戻され，一次再熱器（1st Reheater：RH）と二次再熱器で再び過熱されて「再熱蒸気」となり，中圧タービン（Intermediate Pressure Turbine：IPT）に送られる．中圧タービンを出た蒸気は低圧タービン（Low Pressure Turbine：LPT）に送られ，仕事を終えた蒸気は，復水器で水に戻される．このような熱サイクルを再熱システムという．なお，大容量の蒸気タービンは，図1.6に示したように高圧タービン，中圧タービン，低圧タービンで構成される．蒸気圧力が低下するにつれて，蒸気の力を効率よく受けるためにタービンブレード（羽根）の長さが長くなり大型になる．

式（1.2）に従って，主蒸気温度は高圧タービンの熱効率に関係し，再熱蒸気温度は中圧タービンと低圧タービンの熱効率に関係するが，どちらの温度も高い方が熱効率を向上させる．

(3) 発電効率の向上

図1.7は，石炭火力発電技術の進歩に伴う熱効率向上の歴史として，年代順の送電端効率（HHV基準）の変化を示した図である．1980年代は超臨界圧

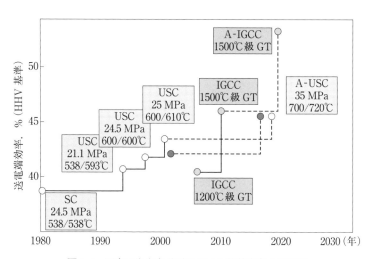

図1.7　国内石炭火力発電における熱効率向上の歴史

（Super Critical：SC）といわれる蒸気条件の時代であり，送電端効率は32〜35％程度であった．1993年にわが国初の超々臨界圧（Ultra Super Critical：USC）ボイラー（蒸気圧力21.1 MPa，主蒸気温度538℃，再熱蒸気温度593℃）が運開し，送電端効率は38〜40％台となった．その後，さらに蒸気条件の高温化が進み，現在では蒸気圧力25 MPa，主蒸気温度600℃，再熱蒸気温度610℃に至っており，送電端効率は43％程度まで向上してきた．今後も高温化への挑戦は続くと見られ，次世代超々臨界圧（Advanced USC：A-USC）として，700℃以上の蒸気条件で送電端効率46％台を開発目標として研究が行われている．

しかし，蒸気条件の高温化は材料開発の困難さもあって限界に近づいており，さらなる発電効率の向上にはコンバインドサイクルが合理的である．石炭ガス化複合発電（Integrated Coal Gasification Combined Cycle：IGCC）や石炭ガス化燃料電池複合発電（Integrated Coal Gasification Fuel Cell Combined Cycle：IGFC）では，50％を超える発電効率を目標として開発が進められている．同時に，ガスタービン温度の高温化による発電効率向上も進められている．

1.2.4 熱損失

入力-出力法による発電端効率 η_G の計算法を先に述べたが，ボイラープラント効率 η_B，タービンプラント効率 η_T（復水器での放射熱損失を含む効率），プラント損失 η_L を使って，次式で計算することもできる（入力-損失法）．

$$\eta_G = \eta_B \eta_T (1-\eta_L) \tag{1.17}$$

$$\eta_B = 1.0 - \sum L_i \tag{1.18}$$

事業用火力発電プラントにおいては，$\eta_B=0.9$ 前後，$\eta_T=0.47$ 前後，$\eta_L=0.001$ 前後である．η_B は損失法で計算する．ボイラープラント熱損失 L_i は，たとえば以下の $L_1 \sim L_9$ が考慮される．

  L_1：乾き排ガス損失
  L_2：燃料中水素から発生する水蒸気による損失
  L_3：燃料中水分から発生する水蒸気による損失

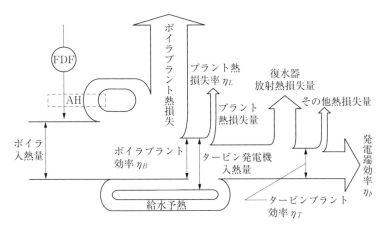

図 1.8　火力発電プラントにおける熱損失と発電端効率

L_4：空気中湿分による損失
L_5：未燃分による損失
L_6：不完全燃焼による損失
L_7：灰の顕熱による損失
L_8：放射および伝熱損失
L_9：不測損失

発電プラント全体における熱損失の項目を図 1.8 に熱収支図として示す．最も熱損失量が大きいのはボイラープラント熱損失であり，次いで復水器放射熱損失，プラント熱損失（ボイラーやタービン以外の配管などでの熱損失）となる．ボイラープラント熱損失は $L_1 \sim L_9$ であるが，なかでも燃料から発生する水蒸気による損失 (L_2+L_3) が最も大きく，発電効率向上には燃料の水分管理が重要であることがわかる．

1.3　微粉炭燃焼

燃料をボイラーで効率良く燃焼して，最大の入熱量を得ることは熱機関の根本的な課題である．しかし，燃焼効率を高めると窒素酸化物（NO_x）の生成が増加するというトレードオフの関係もあり，NO_x の発生を抑制しながらも燃

焼効率を高める技術が必要とされる．ここでは，まず微粉炭の燃焼に関する基礎的事項を述べる．

1.3.1 燃焼過程の概観

図 1.9 に微粉炭の燃焼過程を模式的に示した．石炭は粉砕機で -200 mesh（$75\,\mu$m 以下）85 wt％程度まで微粉砕された後，一次空気とともにバーナーに供給される．バーナーからボイラー内へ噴出された微粉炭は，火炎や炉壁からの放射熱によって急速加熱され，300℃前後で揮発分を放出し着火する．揮発分は，炭化水素や H_2，CO を主成分とするガスで，このガスによって火炎が形成される．火炎帯では粒子温度がさらに上昇し，最高 1500〜1700℃ 程度となる．灰分の融点は 1500℃前後であるため（表 1.1），灰は溶融して球形状のフライアッシュ（飛灰）となる．

揮発分が燃焼し終わると火炎は消失し，チャーと呼ばれる炭素粒子となり，燃焼は炭素表面で進行する．このような燃焼挙動から，微粉炭の燃焼は揮発化過程とチャー燃焼過程に分けて考えられてきた[5]．

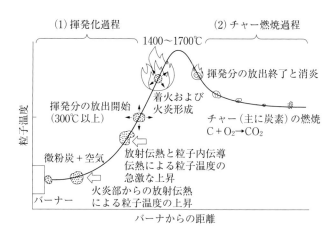

図 1.9 微粉炭の燃焼過程

1.3.2 揮発化過程とチャー燃焼過程

揮発分の放出はきわめて短時間（ms オーダー）の現象である．揮発分の放

出挙動は次式で近似することができる.

$$dV/dt = k_V(V^* - V) \tag{1.19}$$

$$k_V = A_0 \exp(-E_V/RT_p) \tag{1.20}$$

ここで，V は揮発分 [-]，V^* は飽和揮発分 [-]，k_V は揮発化速度定数 [s^{-1}]，A_0 は頻度因子 [s^{-1}]，E_V は活性化エネルギー [J·mol^{-1}]，R は気体定数 [J·K^{-1}·mol^{-1}]，T_p は粒子温度 [K]，t は時間 [s] である．これらの値は，管状炉と呼ばれる燃焼装置で実験的に求める．

揮発分が放出し終わると，チャーの表面燃焼が開始する．今，気流中に高温に保たれた炭素粒子（チャー）を考える．気流中の酸素分圧が大きい場合には，まず炭素表面で $C + 1/2\,O_2 \rightarrow CO$ の反応が起こり，次に表面近傍で $CO + 1/2\,O_2 \rightarrow CO_2$ の気相反応が起こることで燃焼が進行する．揮発化速度に比較してチャー燃焼速度は遅く，秒のオーダーである．

チャー燃焼速度 R_c [kg·m^{-2}s^{-1}] は，チャー重量 W [kg] の減少速度として次式で定義する．

$$-dW/dt = R_c S W \tag{1.21}$$

$$S = 6/(\rho_p D_{32}) \tag{1.22}$$

$$R_c = A_1 \exp(-E_c/RT_p) \tag{1.23}$$

酸素分圧の影響を入れると

$$R_c = A_1 \exp(-E_c/RT_p) \cdot [O_2]^n \tag{1.24}$$

ここで，S は粒子比表面積 [m^{2}kg^{-1}]，ρ_p は粒子密度 [kg m^{-3}]，D_{32} は微粉炭のザウター平均径 [m] である．R_c の値も管状炉と呼ばれる燃焼装置で実験的に求める．

ボイラーの中でのチャー粒子滞留時間は 2～3 秒程度と短いため，R_c が小さいと炭素の燃え残り（未燃分）を生じ，ボイラープラント熱損失（L_5）の 1 つの要因となる．

1.3.3 未 燃 分

フライアッシュ中に残存した炭素分は未燃分と総称されるが，未燃分には灰中未燃分と未燃率の 2 つの定義がある．灰中未燃分（Unburned carbon in ash:U_{ca})は,燃焼灰1.0gを基準とする強熱減量割合である.一般産業用ボイラーのU_{ca}は2～10%程度であるが,ボイラー容積が大きく粒子滞留時間が長い大規模の事業用発電ボイラーではU_{ca}=0.2～3.0%程度である.U_{ca}は石炭の灰分量に依存する数値であるため,燃焼性を定量評価する場合には適さない[6].この場合,未燃率(Unburned carbon:U_c)が用いられる.

U_cは,石炭の可燃分(揮発分+固定炭素)に対し燃え残った可燃分の割合として定義され,U_{ca}とAsh[%,db]から次式で計算される.

$$U_c = \frac{U_{ca}}{100-Ash} \times \frac{Ash}{100-U_{ca}} \times 100 \qquad (1.25)$$

U_cは燃焼エンタルピーの損失を意味する.たとえばU_c=0.5%の場合,純炭素の高位発熱量34.0 MJ/kg-Carbonを基準として

$$34.0 \times 0.5/100 = 0.170 \text{ MJ/kg-coal, ad} \qquad (1.26)$$

が熱損失となる.U_cは,炭種,燃焼条件(空気比),ボイラー容量に影響を受けるが,特に炭種の影響が強い.なお,(100−U_c)%は,石炭の燃焼率を意味する.

図1.10はフライアッシュおよび未燃(炭素)分の外観である.フライアッシュは数μmから数十μmの球形粒子であるが,未燃分は細孔が発達しさまざまな形状をもつ粒子で,数十μmから100μm程度と粒径は大きい.

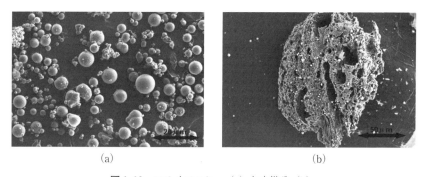

図1.10 フライアッシュ(a)と未燃分(b)

1.4 燃焼生成物

石炭はさまざまな元素を含有している（表1.1参照）．燃焼によってそれらが酸化され，窒素酸化物（NO_x）や硫黄酸化物（SO_x）のような環境負荷物質が生成する．そのほかの環境負荷物質として，一酸化炭素や微量物質（As, B, Se, Hg），浮遊粒子状物質（SPM）の発生があげられる．ここでは，窒素酸化物と微量物質について基礎的事項を述べる．

1.4.1 窒素酸化物の生成経路

NO_xとは一酸化窒素（NO）と二酸化窒素（NO_2）を意味するが，微粉炭燃焼をはじめとして，燃焼で生成するNO_xのほとんどはNOである．NOの生成機構は，反応経路の違いにより次の3つに区別される[7]．
① 空気中のN_2とO_2が高温下で反応するサーマルNO（Thermal NO）．
② 空気中のN_2と火炎表面にある炭化水素が高温下で反応するプロンプトNO（Prompt NO）．
③ 石炭中に含まれる窒素分を起源とするフューエルNO（Fuel NO）．

(1) Thermal NOの生成機構

Thermal NOの生成機構は，次式の反応機構で示される拡大Zeldovich機構で説明される．すなわち，N_2とO_2およびH_2Oが熱解離して生成するN, O, OHとN_2, O_2との反応によってNOが生成する．

$$N_2 + O \rightarrow NO + N \quad (1.27)$$
$$N + O_2 \rightarrow NO + O \quad (1.28)$$
$$N + OH \rightarrow NO + H \quad (1.29)$$

これらの反応を抑制するには，N_2が熱解離しないような火炎温度（1540℃以下）に制御すること，また火炎域の酸素濃度をできるだけ低く抑えることが有効である．

(2) Prompt NOの生成機構

火炎面の燃料過剰域で生成する炭化水素ラジカル（CH）と空気中N_2との反応で瞬間的（Prompt）に生成するシアン化水素（HCN）がNO生成の起源

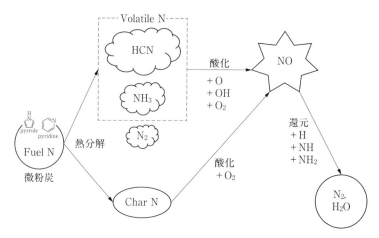

図 1.11　Fuel NO の生成・消滅経路

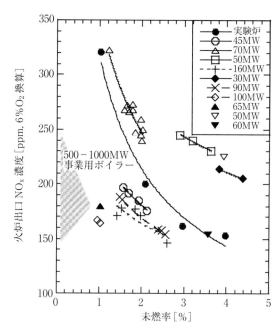

図 1.12　さまざまなボイラーにおける N 炭の未燃率と NO_x 濃度の関係

となるものである．ただし，この生成経路で発生するNOは数ppmであり，生成するNOの総量に対しての割合は非常に低い．

$$CH + N_2 \rightarrow HCN + N \qquad (1.30)$$
$$HCN + O \rightarrow NO + CH \qquad (1.31)$$

(3) Fuel NO_xの生成機構

石炭には窒素分が0.5～2.5[%, daf]程度含まれている．石炭中窒素を起源として生成するNOをFuel NOという．生成する全NOのうちFuel NOの占める割合は80～95％以上であり，NOの主要な生成経路である[8]．

Fuel NからNOへの生成・消滅メカニズムを図1.11に示す．微粉炭の揮発過程でFuel Nの20～60％がVolatile N（揮発性窒素）として気相に放出される．Volatile Nの組成は主にHCNとNH_3である．揮発しなかったFuel Nはチャーに残存し（Char N），チャーの燃焼とともに気相に放出される．気相に放出されたN化学種は，NOを生成する酸化反応とN_2を生成する還元反応が並列して起こる．Volatile Nが多いほど還元剤となる化学種（NH_i，Hラジカル）の濃度が高くなるためFuel NOは減少する．

図1.12にボイラーにおけるN炭の未燃率とNO_x濃度の関係を示す．

1.4.2 微量元素

石炭にはppmからppbオーダーの濃度で水銀，ヒ素，ホウ素，セレンなどのさまざまな微量元素が含まれている（表1.1参照）．微粉炭燃焼プロセスにおける微量元素の環境中への排出は，ボトムアッシュ，フライアッシュ（主に電気集塵器で回収されるもの），石膏（脱硫生成物），脱硫排水，煙突から排出される排ガスおよび微粒子であり，元素の種類によって排出されるプロセスが異なる[9]．たとえば，水銀は主にフライアッシュや排ガスに分配されるが，ヒ素は主にフライアッシュに分配され，その挙動は異なる．このような微量元素の分配挙動は，元素そのものの揮発性や凝縮性に依存するとされ，多数の研究者の研究成果をもとに，図1.13に示すように非揮発性元素（グループⅠ），揮発-濃縮性元素（グループⅡ），揮発-非濃縮性元素（グループⅢ）に分類されている[10]．グループⅠの元素は，ボトムアッシュやフライアッシュに主に分配される．グループⅡは，主にフライアッシュや脱硫排水に分配される．グル

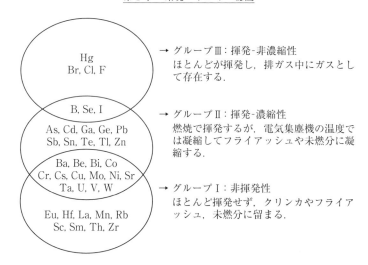

図 1.13 さまざまな微量元素の非揮発性(グループ I),半揮発性(グループ II),揮発性(グループ III)の区分

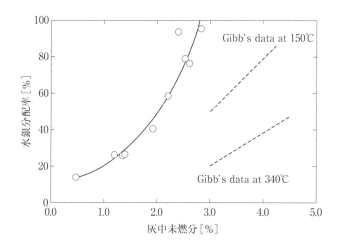

図 1.14 低低温集塵器(排ガス温度 94℃),低温集塵器(150℃),高温集塵器(340℃)における元素水銀分配率の変化

ープ III は,主に脱硫排水や気相(排ガス)に分配される.

　微量元素のなかでも特に揮発性の高い水銀は,その環境規制政策について国際的に議論が高まっており,国連環境計画(UNEP)の主導により 2013 年 10

月,「水銀に関する水俣条約」の条文案合意に至っている.今後,わが国においても水銀排出量削減への対策(条文第8条)が求められることになろう[11].

図1.14は,ある火力発電プラントにおいてフライアッシュへの水銀分配率を灰中未燃分との関係として示した図で,電気集塵器入口排ガス温度をパラメータとしている[12].ここでいう水銀分配率とは,石炭中水銀含有量を100%として,未燃分を含むフライアッシュに水銀が吸着・凝縮した割合である.石炭中の水銀は,ボイラー内の燃焼場で気相に放出され,高温場では元素水銀(Hg^0)として存在する.その後,脱硝装置,熱交換器,電気集塵機を通過する間,脱硝触媒や粒子表面あるいは気相中でHg^0の一部が二価水銀(Hg^{2+})に酸化され,または粒子に吸着し粒子水銀(Hg^p)となる.ここで,Hg^{2+}は主に水溶性の$HgCl_2$であり,電気集塵機の後に設置される湿式脱硫装置内で吸収液に溶解するため,排煙として大気に放出される水銀の形態は主にHg^0である[9].

図1.14の結果は,Hg^0が灰中未燃分に選択的に吸着されることを示している.吸着理論に従って低温ほど吸着量は増加するため,低温集塵器のように排ガス温度が低いプロセスほど,水銀は未燃分を含むフライアッシュに吸着される.

1.5　窒素酸化物の抑制

1.5.1　燃焼の工夫によるNO_x生成抑制の原理

燃焼方法の工夫によるNO_x抑制技術には,燃焼場の酸素濃度とその混合および火炎温度を制御する低NO_xバーナーと二段燃焼,そして低空気比燃焼が基本技術である.

(1) 低NO_xバーナーの構造と配置

図1.15に低NO_xバーナーの構造(例)を示す.バーナー中心部からミルで粉砕された微粉炭が一次空気とともに吹き出され,火炎を形成する.その周囲からは,二次空気と呼ばれる旋回させた燃焼空気が火炎を包み込むように吹き込まれる.さらにそれらを包み込むように三次空気を吹き込む.このように燃

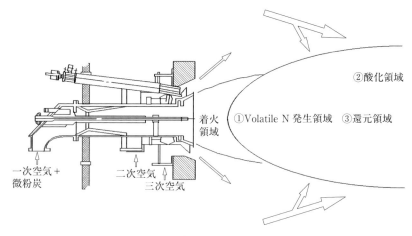

図 1.15　低 NO_x バーナーの構造

焼空気を分割して吹き込み，燃料と酸素の混合と酸素濃度の制御を行い，低 NO_x 化と安定的な火炎の形成を実現している．

バーナーの配置の種類およびその火炎形状の違い，ガス流れの違いを**図 1.16** にまとめた．バーナーをボイラー本体片側の側面に配置するフロントファイアリング，バーナーをボイラー本体側面に対向して配置する対向燃焼，そしてバーナーユニットをボイラー四角近傍に配置するコーナーファイアリングの 3 種類のバーナー配置方法がある．フロントファイアリングは，ボイラー容量が小さい場合に採用される．バーナーの本数は発電出力などによって決まるが，たとえば大容量のボイラーでは対向型のバーナー配置で片面 1 列 4 本 ×3 段で 12 本，両面で 24 本が設置される．

(2)　二段燃焼

低 NO_x バーナーだけでは NO_x 低減効果は十分ではない場合が多い．そこで，二段燃焼が併用される．二段燃焼は，**図 1.17** に示すように，火炎のある揮発分燃焼域を空気不足の還元領域とし，火炉雰囲気内でも NO_x 還元反応を進め，チャー燃焼域となったところで新たに燃焼用空気を吹き込む方法である．二段燃焼空気量を増加させるほど NO_x 濃度は低減するが，相反して未燃分は増加するため，燃焼空気に対する二段燃焼空気の割合を適正に調整する必要がある．一般的には全燃焼空気量の 10〜20％が二段燃焼空気とされる．図

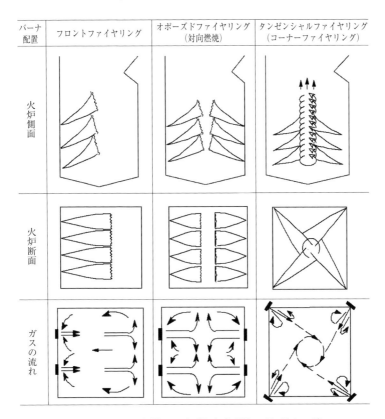

図1.16 バーナー配置のタイプと火炎形状,ガス流れの違い

中の NH_3 を吹き込む無触媒脱硝法については後述する.

1.6 窒素酸化物の除去（脱硝）

1.6.1 選択的触媒還元法

低 NO_x バーナーと二段燃焼,さらには低空気比燃焼によって,生成する NO_x 濃度を大きく低減できるものの,NO_x 規制濃度を満足できないことも多い.この場合,排煙脱硝設備を付加する必要がある.

現在稼働中の排煙脱硝設備は,触媒を使用する Selective Catalytic

Reduction（SCR）と触媒を使用しない Selective Non Catalytic Reduction（SNCR），さらに活性炭で NO_x を吸着するプロセスがある．

SCR を最初に実用化したのは日本であり，安定的な性能を示すことから，わが国の微粉炭火力発電プロセスの排煙脱硝装置のほとんどに SCR が導入されている．SCR は，排煙に脱硝剤（アンモニアなど）を混合し，300～450℃の温度下，触媒上で NO_x を N_2 に還元する．NH_3 は選択的に NO_x と反応するため，排煙脱硝にはきわめて効果的な脱硝剤である．その総括的な反応式は以下のようである．

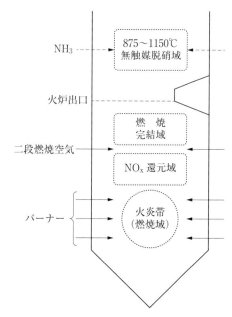

図 1.17　二段燃焼による低 NO_x 化の原理
（後述：無触媒脱硝）

$$4NH_3+4NO+O_2 \rightarrow 4N_2+6H_2O \quad (1.32)$$

$$8NH_3+6NO_2 \rightarrow 7N_2+12H_2O \quad (1.33)$$

SCR では，排ガス流量 $F\,\mathrm{m^3\,hr^{-1}}$ と触媒の容積 $V_c\,\mathrm{m^3}$ との比である空間速度（Space Velocity：SV）の値が指標となる．また NH_3/NO モル比（または濃度比）も重要なパラメータである．

$$SV=F/V_c \quad (1.34)$$

図 1.18 に脱硝率 X に及ぼす空間速度 SV および NH_3/NO モル比の影響を示す[13]．SV と SCR 脱硝率 X の間には，図 1.18（a）で示されるように，次式の関係がある．

$$\log(1-X)=-k/SV \quad (1.35)$$

ここで $k[\mathrm{hr^{-1}}]$ は反応速度定数である．

SV 値を増加，すなわち V_c 一定で F を増加させると脱硝率は低下する．一方，NH_3/NO モル比を増加させると脱硝率は増加するが，リークアンモニア

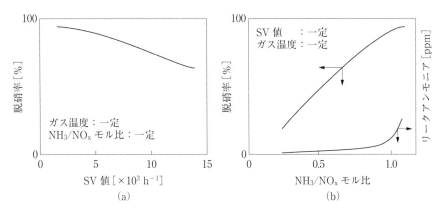

図1.18 SCRにおける脱硝率 X に及ぼす SV と NH_3/NO モル比の影響

も増加する．リークアンモニアは未反応の NH_3 であるが，NH_3 は毒物かつ悪臭をもつため，リークアンモニアの排出は避ける必要がある．したがって適切な SV と NH_3/NO モル比の調整が必要である．

1.6.2 無触媒脱硝法

SCRは確実で安定な脱硝法であるが，触媒コストを必要とすることから，無触媒脱硝（SNCR）のニーズは高い．無触媒法（SNCR）の原理は，式(1.32) の反応をボイラー内で行うことにある．図1.17でアンモニア吹込位置を示したが，SNCRは NH_3 を炉内に吹き込む単純な方法である．しかし，式(1.32) の無触媒反応は温度に非常に敏感であり，875〜1150℃の温度範囲(Temperature Window という)，望ましくは950℃前後の温度域に NH_3 を吹き込まなければならない．燃料の燃焼量（負荷）が変化すると，炉内温度も大きく変化するため，SNCRで高い脱硝率を得ることは困難である．脱硝率を高めるために NH_3/NO モル比を増加させるとリークアンモニアが増加するため好ましくない．

実験的には950℃，NH_3/NO モル比＝1.0で脱硝率は80％程度となるが，実ボイラーでのSNCRは50％程度の脱硝率に留まっている[14]．これは，多量の燃焼排ガス中にアンモニアを均一に混合するように吹き込むことが困難なことと，脱硝反応に最適な温度領域におけるガス滞留時間がきわめて短いためであ

る．それでも，NO_x 規制が厳しくないボイラーでは SNCR が採用される．

1.6.3 活性炭吸着法（同時脱硫脱硝）

活性炭吸着同時脱硫脱硝法（**図 1.19**）は，140〜160℃の排ガス（H_2O と O_2 を含む）に NH_3 を混合することによって，活性炭内表面で次の反応を起こす．

$$4NH_3 + 4NO + O_2 \rightarrow 4N_2 + 6H_2O \tag{1.36}$$

$$SO_2 + H_2O + (1/2)O_2 \rightarrow H_2SO_4 \tag{1.37}$$

$$2NH_3 + H_2SO_4 \rightarrow (NH_4)_2SO_4 \tag{1.38}$$

$$NH_3 + H_2SO_4 \rightarrow NH_4HSO_4 \tag{1.39}$$

SO_2 は H_2O や O_2 とともに活性炭に吸着されて硫酸となり，その後 NH_3 と反応して硫酸アンモニウムあるいは硫酸水素アンモニウムとなる．未反応のアンモニアは NO と反応して N_2 に還元される．

図 1.19 に示した活性炭吸着同時脱硫脱硝プロセスは，1 段目の脱硫塔（移動床吸着塔）で SO_2 が除去され，2 段目の脱硝塔で NO が還元される．活性炭の動きは，ガス流れとは逆に脱硝塔から脱硫塔に向かう．主に NH_4HSO_4 となって吸着された脱硫脱硝後の活性炭は，脱離塔で 350℃ 以上に加熱されて NH_3 と SO_2 を脱離し，活性炭は再生される．脱離した SO_2 は石炭部分燃焼炉で次の反応により単体硫黄（S），H_2，COS を生じる．

$$C + H_2O \rightarrow H_2 + CO \tag{1.40}$$

$$C + SO_2 \rightarrow S + CO_2 \tag{1.41}$$

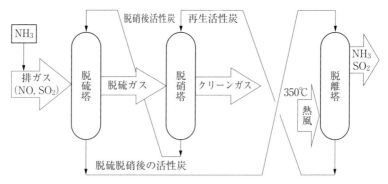

図 1.19 活性炭吸着法（同時脱硫脱硝）のプロセス概要

$$H_2 + S \rightarrow H_2S \tag{1.42}$$
$$CO + S \rightarrow COS \tag{1.43}$$

Sは冷却回収され，H_2SとCOSは次の反応を利用したクラウス炉でSに転換し回収する．

$$2H_2S + SO_2 \rightarrow 3S + 2H_2O \tag{1.44}$$
$$COS + H_2O \rightarrow H_2S + CO_2 \tag{1.45}$$

脱硫塔でNH_3を吹き込まなくても，式（1.37）の反応によってSO_2は硫酸になるため吸着が可能であるが，硫酸の脱離時に活性炭の炭素と反応して活性炭を消費する．これを防止する目的で脱硫塔にNH_3を混合する．

$$H_2SO_4 \rightarrow SO_3 + H_2O \tag{1.46}$$
$$SO_3 + (1/2)C \rightarrow SO_2 + CO_2 \tag{1.47}$$

活性炭は排ガス中の元素水銀（Hg^0）も吸着できるため，水銀排出抑制も同時に行うことが可能となる．

1.7 最新の技術動向

1.7.1 脱硝技術の動向

NO_xの排出規制は，国内のみならず国際的に強化・拡大されている．たとえば，舶用ディーゼルエンジンや都市部に立地する廃棄物ボイラーなどでは，非常に厳しいNO_x規制が計画されている．船舶ディーゼルエンジンは排ガス温度が低い（180℃以下）ことからSCRを適用することは困難であり，低温で動作する革新的な脱硝法の開発が待たれている．

図1.20に現在および開発中の脱硝法を系統的にまとめた．脱硝法は，化学プロセスと物理プロセスに大別され，SCRやSNCRは化学プロセス，活性炭吸着法は物理プロセスに区分される．化学プロセスには，還元法，酸化法，分解法があり，還元法と分解法には直接法と間接法がある．直接法は，排ガス全体を直接処理するものであり，間接法は何らかの化学物質を排ガスに注入する形態のものである．

新しい脱硝技術としては，大気圧プラズマ（NTP）でNOを直接分解した

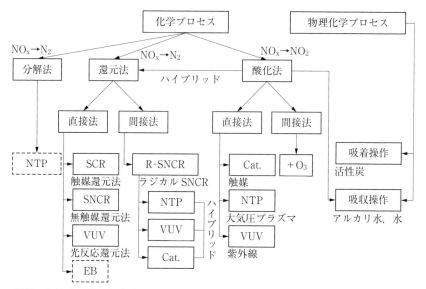

SCR：Selective Catalytic Reduction, SNCR：Selective Non-Catalytic Reduction, EB：Electron Beam, NTP：Non-Thermal Plasma, VUV：Vacuum UltlaViolet

図1.20　脱硝技術の分類

り，NTPでアンモニアを励起し，それを排ガスに注入する技術がある．また，真空紫外線を排ガスに照射し，還元剤なしかつ無触媒でNOを硝酸に酸化する技術がある．また，オゾン（O_3）でNOをNO_2に酸化し，それを水やアルカリ水で吸収処理する技術も開発されている．

次項では，最新の脱硝技術として，真空紫外線を排ガスに照射し，脱硝・脱水銀する反応法について述べる．

1.7.2　新しい脱硝・脱水銀技術

水銀の処理方法としては，ハロゲン（たとえばCl_2）を添加して式（1.48）の反応でHgを水溶性の二価水銀(Hg^{2+})$HgCl_2$に転換したり，酸化剤を用いてHgOとし，吸収液で回収する方法がある．

$$Hg + Cl_2 \rightarrow HgCl_2 \qquad (1.48)$$

1.7 最新の技術動向

$$Hg + O_3 \rightarrow HgO + O_2 \tag{1.49}$$

$$Hg + 2OH \rightarrow HgO + H_2O \tag{1.50}$$

ここで NO の酸化反応を考えると

$$NO + O_3 \rightarrow NO_2 + O_2 \tag{1.51}$$

$$NO + OH + (1/2)O_2 \rightarrow HNO_3 \tag{1.52}$$

$$NO_2 + OH \rightarrow HNO_3 \tag{1.53}$$

があり，O_3 や OH ラジカルを利用する酸化法によって，脱硝と脱水銀が同時に可能であることに気づく．すなわち，排ガスに何らかの手段でエネルギーを与えて，排ガス中の水分と酸素それぞれから OH ラジカルと O_3 を生成させて NO と Hg を同時酸化する直接酸化法を考えることができる[15]．

OH ラジカルや O_3 を生成する手段として，大気圧プラズマや紫外線の利用がよく知られている．大量の排ガスを処理する直接酸化法では，反応容積を十分に確保する必要があることから，紫外線利用の NO 酸化法が現実的である．

さて，紫外線の光子エネルギー（フォトンエネルギー）E は次式で与えられ，波長が短いほど増大する．

$$E = hc/\lambda \tag{1.54}$$

ここで，h はプランク定数（6.626×10^{-34} J·s），c は光の速さ（2.998×10^8 m/s），λ は波長（m）である．

排ガス中の水分や酸素は，フォトンエネルギーを吸収し，式 (1.55) と (1.56) の光分解反応や式 (1.57) の反応により OH ラジカルや O_3 を生成する．

$$H_2O + E \rightarrow OH + H \tag{1.55}$$

$$O_2 + E \rightarrow O + O \tag{1.56}$$

$$O_2 + O \rightarrow O_3 \tag{1.57}$$

図 1.21 に直接光酸化同時脱硝脱水銀法の実験装置を示す．この実験では，外径 40 mm，長さ 100 mm，エネルギー出力 26 mW/cm²，消費電力 90 W（電源含む）のキセノンエキシマランプと内径 60 mm，長さ 100 mm のステンレス製反応管（ギャップ長 10 mm）を同心状に配置して光反応器が用いられている．

光酸化法の脱硝・脱水銀の特性を調べた結果を図 1.22 および図 1.23 に示

す．図1.22では，NO/H₂O/O₂/N₂で水分4.2％以上としたとき，最も高い脱硝率97.4％が得られた．光反応器出口の低温部で回収した液体をイオンクロマトグラフで分析したところ，NO/H₂O/O₂/N₂ガスの光酸化の生成物はHNO₃であることが確認され

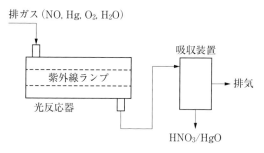

図1.21 直接光酸化同時脱硝脱水銀法

た．この光反応により，常温，常圧，無触媒かつ無脱硝剤で高い脱硝率を得ることができ，低温排ガスの新たな脱硝法として注目される．

図1.23は，NO/O₂/Hg/N₂混合ガスの直接光酸化において，初期NO濃度および初期O₂濃度の変化に対する水銀除去率の変化を示した図である．このときの脱硝率はほぼ100％である．脱水銀率の変化をみると，O₂濃度10％時，すなわち，式（1.57）により高濃度のO₃が光反応器内で生成する場合，脱水銀率は98％以上と高くなるものの，O₂濃度4.0％以下では共存するNO濃度が増加するほど脱水銀率は低下した．これは，NOがHgよりも選択的にO₃

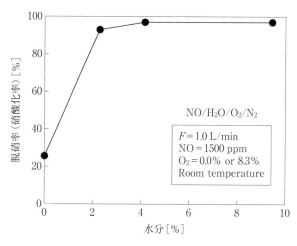

図1.22 光酸化法による脱硝特性

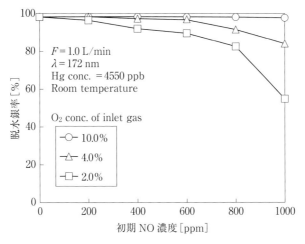

図1.23 光酸化法による脱水銀特性

と反応し，Hgと反応するO_3量が減少した結果である．したがって，排ガス中のO_2濃度を高く設定できれば，光酸化法によって高効率の同時脱硝脱水銀が可能である．

1.8 おわりに

　本章では，環境エネルギーに関する基本的事項として，熱効率の定義，燃焼のメカニズム，環境負荷物質の発生メカニズムおよびその抑制方法の原理について述べた．エネルギー利用技術の開発は，熱効率や変換効率の向上が第1の課題であるが，効率を追求すればするほど環境負荷物質の生成という課題に突き当たり，その解決は容易ではない．最新の技術動向では，光反応を利用した脱硝・脱水銀法を述べたが，このような新しい環境負荷物質の抑制・除去技術がエネルギー効率の格段の向上に結び付く可能性もある．

　本章以降では，再生可能エネルギーの利用技術など，エネルギーと環境を両立できる技術が述べられる．現状，このような新エネルギーは高コストといわれるが，エネルギー情勢の変化によってその価値は大きく変わるのであり，新エネルギーの技術開発は躊躇することなく継続していくべきである．

[参考文献]
1) 経済産業省資源エネルギー庁：平成 26 年度エネルギーに関する年次報告，エネルギー白書，2015
2) 環境省：環境白書，2015
3) JSME テキストシリーズ 熱力学，pp. 43-68，日本機械学会，2014
4) 山崎正和：新版熱計算入門 III，燃焼計算，財団法人省エネルギーセンター，1989
5) 化学工学会監修：最新 燃焼・ガス化技術の基礎と応用，pp. 65-76，三恵社，2009
6) 神原信志：講座 燃焼技術の基礎 V，微粉炭燃焼，日本エネルギー学会誌，76 (4)，pp. 320-330，1997
7) 新井紀男監修：燃焼生成物の発生と抑制技術，(株) テクノシステム，1997
8) 神原信志：微粉炭燃焼における炭質評価技術の進歩—NO_x 発生量の評価—，ボイラー研究，275，pp. 25-29，1996
9) 神原信志，守富 寛：石炭の微量元素，日本エネルギー学会誌，87 (2)，pp. 146-151，2008
10) Clarke, L. B. and Sloss, L. L.：Trace elements-emissions from coal combustion and gasification, pp. 62-66, IEA Coal Research, London, UK, 1992
11) 環境省ホームページ，水銀に関する水俣条約の概要
http://www.env.go.jp/chemi/tmms/convention.html．
12) K. Kumabe, S. Kambara, T. Yamaguch, R. Yoshiie, H. Moritomi：Behavior of mercury in solid particles collected from a very cold electrostatic precipitator, J. Jpn. Inst. Energy, 89 (9), pp. 903-908, 2010
13) 安藤淳平：燃料転換と SO_x・NO_x 対策技術，排煙脱硫・脱硝を中心として，プロジェクトニュース社，1983
14) M. T. Javeda, N. Irfan, and B. M. Gibbs：Control of combustion-generated nitrogen oxides by selective non-catalytic reduction, J. Environmental Management, 83, pp. 251-289, 2007
15) 神原信志：常温無触媒の脱硝・脱水銀光反応器の開発，環境浄化技術，14 (5)，pp. 66-71，2015

2 地域分散型エネルギーシステム

2.1 はじめに

　地球温暖化の原因といわれている人類の活動に伴うCO_2排出量の削減は，喫緊の課題であり，化石燃料の消費削減によって達成される．その一方で，人類は豊かな暮らしを求め，エネルギーの消費を増大しつつある．この一見矛盾する課題を解決するためには，前者においては，自然エネルギーによる化石燃料の代替を進め，後者においては，エネルギー利用率（＝動力，照明，熱などの目的に対して理論的に必要なエネルギー量/消費した一次エネルギー量）を可能な限り向上する必要がある．加えて，これらを推進するうえで最も重要な視点は，自立的に普及が拡大する技術やシステムを開発することであり，補助金やエネルギーの固定価格買い取り制度（FIT）などの補償制度に頼らなくてもよい経済性のあるシステムを考える必要がある．そのためには，従来の制約や枠組みにこだわらずに，既存の社会インフラを最大限に活用する方法を考えることが重要になる[1]．

　本章では，燃料と電力の消費を総合的に考えた具体例として，将来システムとしてのエネルギー回生の考え方，鉄鋼生産と発電を同時に行うハイブリッド製鉄所[2]と太陽光発電（PV）と電気自動車（EV）のコンバインドシステム[3]について述べる．

2.2 工場や家庭の局所最適化から地域や国全体の最適化へ

　エネルギーシステムとはエネルギーの質や時間変動を考慮して消費と供給の

バランスを調整する仕組みである．したがって，化石燃料使用量の削減を目的としたシステムの変革を図る上で，最も重要な学術的視点は，空間的な制約（グリッド）の中でシステム全体のエネルギー利用率を最大にすることである．実際に，わが国の企業は工場内のエネルギー利用率を最大化し，世界 No.1 の省エネルギーを達成してきた．しかし，エネルギー利用率をさらに向上するためには，工場や家庭内だけでの最適化には限界があり，工場や家庭における個々のエネルギー需給の過不足を相互に融通し合う仕組み[4]を構築する必要がある．

たとえば，日本の電力システムでは，2013 年度において，国内の総発電量の 9.0％に当たる 980 億 kWh が発電設備での自家消費と送電，変電および配電の損失で失われており，失われている電力量は出力 100 万 kW の原子力発電所 14 基に相当する[5]．国内の火力発電の平均熱効率は 40.7％（送電端，LHV）であることから，送電，変電および配電の損失の低減は，発電効率を平均で約 1 割向上することに相当し，化石燃料の使用を削減し，また，太陽光発電や風力発電の経済性を向上するうえできわめて重要である．

2.3 エネルギー利用率とエネルギー回生

わが国のエネルギー利用率は 34％である[6]．エネルギー利用率 34％は，理論的に必要なエネルギー量に対して，約 3 倍の一次エネルギーが使用されており，エネルギーが上手く使われているとはいい難い．

「なぜ，上手く使われていないのか」を理解するための一例として，石炭エネルギーの使い方を製鉄所と他の方法とで比較した例を**図 2.1** に示す．

図 2.1 は，石炭で発電した電力を用いて流体を輸送した場合と，石炭を高炉法による一貫製鉄所で鉄鋼製造に用いた場合とのエネルギー利用率を比較した結果である．比較する条件として，電力は最終目的の製品ではないため，電力を最も効率良く使える流体輸送と比較した．なお，鉄鋼製品の高機能化とは，用途に合わせた材質，強度および形状などの作り分けや，鍍金などの表面処理である．

図 2.1 より，一貫製鉄所の鉄鋼製造における石炭のエネルギー利用率は

2.3 エネルギー利用率とエネルギー回生

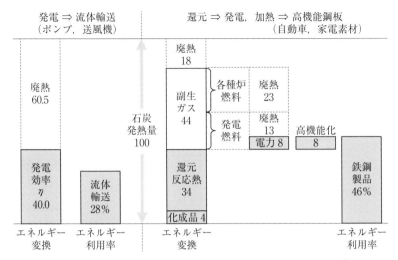

図2.1 製鉄所と石炭発電における石炭エネルギーの利用率比較[7]

46％に達しており，国内平均のエネルギー利用率よりも10％以上高い．一方，石炭⇒発電⇒流体輸送におけるエネルギー利用率は28％であり，国内平均のエネルギー利用率よりも6％低い．しかも，鉄鋼製造では，プロセスに含む製品や高温設備への冷却水輸送などのエネルギーもすべて含んでいるのに対し，石炭発電では，流体を輸送（鉄鋼プロセスの冷却水輸送に相当）するだけで28％の利用率しかなく，両者の利用率には大きな差がある．

両者のエネルギー利用率の差が大きい理由は，図2.1から明らかなように，製鉄所では還元の目的で一度使用したエネルギーを副生ガスとして回生し，製鉄所内の燃料として再利用しているためである．石炭発電では廃棄する損失熱が大きいため，ガス化と組み合せたIGCC（Integrated Coal Gasification Combined Cycle）を開発し，損失熱を減らす努力が行われている．これは燃焼過程のエクセルギー損失を動力で回生する一種のコプロダクションともいえ，その発電効率は50～70％（流体輸送含むエネルギー利用率35～49％）が期待されているが，発電だけを目的にしたプロセスで，電力の使用目的までを考慮したエネルギー利用率を向上することはきわめて困難である．したがって，石炭エネルギーは発電など単一の目的で使用するのではなく，製鉄所のように，還元などに一度使用した後に排出されるエネルギーを回生して利用する

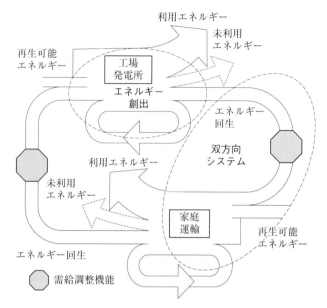

図 2.2　社会システムとしてのエネルギー回生

ことがきわめて有効であることがわかる．

　エネルギー回生を，社会システムとして具現化するイメージを図 2.2 に示す[8]．

　エネルギー回生は，エネルギーを一度利用した後の廃熱および副生物を再利用先の用途に合わせて価値の高いエネルギーに再生し，再利用（回生）する方法であり，排熱を単にエネルギーの質の低下に合わせて段階的に回収使用するカスケード利用とは異なる．もちろん，回収エネルギーをそのまま再利用してもよいが，顕熱のエネルギーはエンタルピー値が高くても，エクセルギー値が低いため，経済的に再利用し難い．

　社会システムとしてのエネルギー回生は，「エネルギー創出」と「双方向システム」から成る．「エネルギー創出」では，一次エネルギーを直接使用する産業での副生燃料，排熱および資産（土地）などを有効活用することによって，電力などの汎用エネルギーを創出する．

　一方，「双方向システム」では，「エネルギー創出」で創出されたエネルギー

の輸送，供給および需給バランスの調整を行う．特に，変動の大きい創出エネルギーを上手く利用するためには，バッファ（需給調節）機能が必要であり，自動車や産業用の移動機器を活用したシステムが考えられる．このシステムでは，供給先と移動機器のエネルギー消費をトータルとして効率良く利用することが重要になる．

2.4 エネルギー創出

「エネルギー創出」の具体例として，ハイブリッド製鉄所の研究事例について概説する．図14.1で述べた製鉄所の副生ガスには，低位発熱量（LHV）が$19.3\,\mathrm{MJ/m_N^3}$のコークス炉ガス（Cガス），$3.3\,\mathrm{MJ/m_N^3}$の高炉ガス（Bガス），および$8.4\,\mathrm{MJ/m_N^3}$の転炉ガス（LDガス）がある．Bガスは，副生ガスの総発生エネルギー量の50％以上を占めるが，LHVが低く，単独で燃焼することが難しいため，LHVが高いCガスと混合して使われる．

Bガス組成の一例として，H_2 3％，CO 23％，CO_2 22％，N_2 52％であり，燃料としては74％（$=CO_2+N_2$）も燃焼に寄与しない成分を含む．これらの不燃成分は，各燃焼設備で加熱されて排出されるだけなので，排ガス損失熱を増やす原因になる．そこで，これらの不燃成分を除去すれば，燃料として使用する際の熱効率を高めることができる．具体的には，製鉄所の温排熱などを不燃成分を分離するエネルギー源に用い，不燃成分を分離後の副生ガスをガスタービン・コンバインド（GTCC）発電の燃料に用いる．これにより，従来に比べ発電効率を向上し，その増分発電量を社会に供給することができる[9]．

このように，鉄鋼製品と電力を併産する最適化された製鉄所をハイブリッド製鉄所と呼ぶ．ハイブリッド製鉄所は，現状の製鉄所に対して，以下の①〜③を実施した場合である．

① Bガスに含まれるCO_2とN_2を分離，除去する．
・CO_2分離はアミン法[10]を用い，エネルギー源は製鉄所の温排水を蒸気回生[11]する．
・N_2分離は高炉送風への酸素富化で行い，酸素は最適化されたプラント[12]で製造する．酸素富化によって，熱風炉の燃料使用量が削減される．

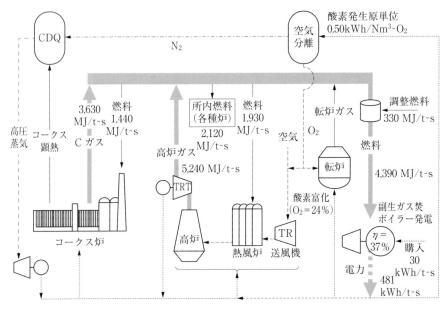

図2.3 現状の製鉄所のエネルギー収支例[7]

・分離したCO_2は大気放散し，CO_2排出量の削減効果には含まない．
② CO_2とN_2を分離，除去したBガスをGTCCの発電燃料に用いる．
・GTCCは，LHV増に合わせて燃焼温度をアップした高効率化設備を導入する
③ 発電向けの副生ガス燃料を製鉄所内の省エネルギーにより創出する．
・Cガスに含まれる重炭化水素（CH_4，C_2H_6など）を高温排熱で熱分解改質し，排顕熱を副生ガスの燃焼熱として回生する．
・製鉄所の全加熱炉へリジェネバーナを導入する．

図2.3に示す現状の製鉄所のエネルギー収支例を元に，上記の①～③を実施したハイブリッド製鉄所のエネルギー収支例を図2.4に示す．図2.3と図2.4において粗鋼生産1,000万t/年であり，品種構成および石炭使用量は同じである．

図2.3と図2.4の比較を表2.1に示す．表2.1より，分離したCO_2を地中などへ貯留せずに大気放散しても，製鉄所から排出するCO_2の25%を削減で

2.4 エネルギー創出

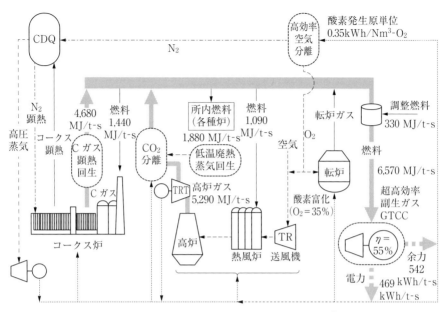

図2.4 ハイブリッド製鉄所のエネルギー収支例[7]

表2.1 ハイブリッド製鉄所の効果[7]

		現状の製鉄所	ハイブリッド製鉄所	差異
生産条件	粗鋼生産 [万 t/年]	1,000		—
	還元材比 [kg/t-pig]	490		—
	購入石炭 [兆 kJ/年]	217	216	▲ 1
	購入燃料（調整用）[兆 kJ/年]		3.3	
	電力総使用量① [億 kWh/年]	48.1	46.9	▲ 3.1
	自家発電量② [億 kWh/年]	45.1	101.1	+56.3
	創出電力②−① [億 kWh/年]	−3.0	54.2	+57.2
CO_2	排出量 [万 $t\text{-}CO_2$/年]	1,970	1,470	▲ 500
	現状対する比率 [%]	100	74.6	▲ 25.4

注：余裕電力の CO_2 排出量は，製鉄所が24 h操業であることからベース石炭火力との代替（0.864 kg-CO_2/kWh）で評価した．

き，大きな効果が得られる．この理由は，現状の製鉄所では30 kWh/t-sの電力を購入しているのに対して，鉄鋼製品と電力を併産するハイブリッド製鉄所

では，石炭の消費量を増やさずに，製鉄所外で使用可能な 542 kWh/t-s の余裕電力を創出できるからである．なお，表 2.1 において，発電の CO_2 排出原単位を石炭火力代替の 0.864 kg-CO_2/kWh を用いた．

以上の結果から，ハイブリッド製鉄所の効果は，粗鋼生産 1,000 万 t/年の製鉄所では，創出電力量 54.2 億 kWh/年と省電力量 3 億 kWh/年を合計した 57.2 億 kWh/年になる．国内の全製鉄所（高炉粗鋼 9 千万 t/年）をハイブリッド製鉄所にすると，520 億 kWh/年（＝57.2×9000/1000）の電力創出ポテンシャルがあり，この創出電力は国内総電力需要の 5.2%，原子力発電所 7 基分に相当し，きわめて大きい．また，この電力を現状の石炭火力と代替すれば，日本全体で約 4,500 万 t-CO_2/年の CO_2 削減が期待できる．

国内の製鉄所が消費する一次エネルギーは産業部門の約 25% を占めており，製鉄所の例だけでも，原子力発電 7 基分の電力が創出できることから，他の産業でも資産を有効活用することで，原子力発電 28 基分の電力が創出できると考えられる．

これらを実現していく上での課題は，要素技術開発やスケールアップなどの研究，技術開発に加えて，エネルギー供給の制度や仕組みを検討する必要がある．具体的には，創出された電力を経済的に流通させる競争原理や，導入促進のための補助金制度などを見直す必要がある．これから高齢の年金生活者が増加する日本では，FIT のように事業者利益を優先する仕組みだけではなく，最終消費者の利益を最優先する視点が重要である．

2.5　双方向システム

エネルギーを消費する側の視点から，現状のシステムと将来想定されるスマートコミュニティを比較した例を図 2.5 に示す[13]．これより，現状のシステムでは，エネルギーの消費量に合わせて供給者が供給量を調整しており，エネルギーの流れは供給側から消費側へ一方向である．このシステムで CO_2 排出量を削減するためには，最終消費者がエネルギーの使用量を減らすか，供給者がエネルギー変換効率を向上したり，再生可能エネルギーに転換するという選択肢しかない．一方，将来想定されるスマートコミュニティでは，電気自動車

2.5 双方向システム

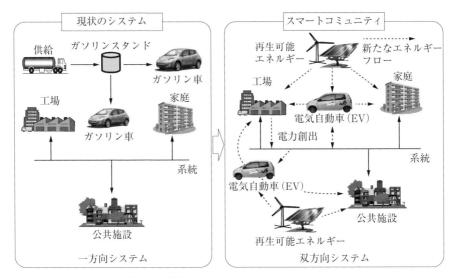

図 2.5 将来想定されるエネルギーシステム

(EV) などの蓄電池を搭載した電動式移動機器がエネルギーを貯蔵，輸送および供給する機能をもつ．これにより，供給者と消費者間のエネルギーの流れが双方向になり，従来は考えもしなかった総合的なエネルギーの高効率化や CO_2 削減の方法が発想，検討できるようになる．

たとえば，2.3 節で述べたハイブリッド製鉄所のように，鉄鋼製品を製造する過程で発生する可燃性の副生ガスを有効活用して発電し，この電力を EV や電動式移動機器に充電して，社員の家庭や製鉄所で使える仕組みを構築したとすると，従来は消費者でしかなかった者が工夫次第で，エネルギーコストと CO_2 排出量をともに大幅削減できるようになる．

では，最適な仕組みとはどのように考えればよいのか．この問題の解法は，プロセス設計と類似しており，対象とする地理的区域における時系列の物質収支とエネルギー収支を数学モデル化し，シミュレーションを行って求めることができる．数学モデル化のひとつの方法として，HEX モデル[14]がある．HEX モデルは，エネルギー需給を検討する対象地域を，正六角形（HEX）の地理的区域に分割し，HEX ごとに，燃料，系統電力および再生可能電力の流入，流出，発生，消費および貯蔵について，エネルギーの相互変換も考慮しつつ一

元評価する．このため，世界中のあらゆる地域に適用可能な汎用手法である．

本節では，太陽光発電（PV）と電動式移動機器の組み合わせ方によって経済性に大きな差が生じる事例について述べる．

[太陽光発電（PV）と電気自動車（EV）を組み合わせたシステム]

同じ性能（面積，発電効率）の太陽光発電，同じ台数の電気自動車を導入しても，運用するシステムの違いによって，最終消費者の経済的負担や既存の電力系統に与える負荷が大きく異なることが明らかにされている[14]．この研究事例では，ある企業をモデルとして，事務所，社有車 21 台，通勤車 100 台および通勤者の家庭をひとつのエネルギーコミュニティと考え，1 年間にわたる 1 時間ごとの実績データに基づき，現状（Case 1），PV の電力を既存の系統を利用して，EV や家庭に供給するシステム（Case 2），PV の電力を直接 EV に充電して使用し，送電損失の最小化を図ったシステム（Case 3）の 3 ケースを比較している．

なお，Case 2 では，PV の普及に FIT 制度の導入を前提とし，すべての Case において，ガソリン単価 150 円/L，家庭の電気料金 25 円/kWh，工場の電気料金 18 円/kWh，電力の CO_2 排出係数は 0.657 kg-CO_2/kWh（2013 年中国電力）を用いた．

Case 1： 現状

現状は図 2.6（a）に示すように，電力は電力会社，ガソリンは石油会社から，それぞれ消費に合わせて供給され，本比較の基準となるケースである．このコミュニティにおける電力とガソリンの消費量はおのおの 1,549 MWh/年，56 kL/年であり，CO_2 排出量は 1,165 t-CO_2/年である．

Case 2： 既存の系統を利用して PV の電力を供給するシステム

PV 電力を既存の系統を利用して，EV や家庭へ供給するシステムの収支を図 2.6（b）に示す．このシステムでは，EV の導入でガソリンの消費はゼロになるが，系統を経由してコミュニティに供給する電力は 1,641 MWh/年に増加する．PV 電力は，直流から交流に変換し，系統経由で送電するため，電力会社の発電量は 1,401 MWh/年に減少する．その結果，CO_2 排出量は Case 1 と比較して 245 t/年減少し，920 t-CO_2/年になる．ただし，系統に流れる電力量に着目すると，Case 1 と比較して 6％増加する．

2.5 双方向システム

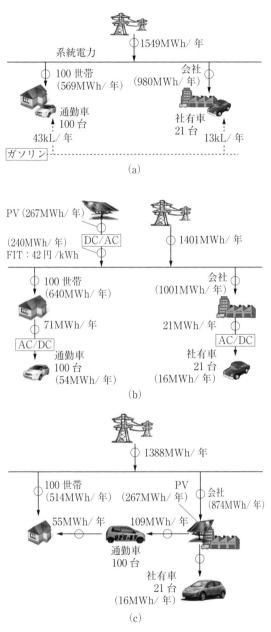

図 2.6 (a) 現状のエネルギー収支, (b) PV電力を系統で供給する場合の収支, (c) PV を EV 経由で供給する場合の収支

Case 3 : PVの電力をEV経由で供給し，送電損失の最小化を図ったシステム

PVの電力をEV経由で供給し，送電損失の最小化を図ったシステムを図2.6 (c) に示す．

このシステムでは，PV電力は直流のまま，直接EVの蓄電池に充電される．EVの充電容量を超える余裕電力は，系統へ逆潮流せずに会社で消費する．EVは通勤用途に用い，帰宅後に翌日の通勤分を残して余裕があれば，家庭に電力を供給する．つまり，PV電力をEVや会社で自家消費し，系統へ逆潮流しないため，系統負荷は検討した3つのシステム中で最低の1,388 MWh/年となり，Case 1と比較して10％低減される．その結果，CO_2排出量は912 t-CO_2/年となる．

なお，Case 2とCase 3でCO_2排出量に差ができる理由は，PV電力を系統で送電する際の交直変換と変電の損失が大きいためである．この電力損失の差は，PVの発電量やEVの通勤距離などの条件によって異なる．

一例として，EVの蓄電池に充電して使用する場合には，PV発電量の87％を使用できるが，既存の系統で送電する場合には，有効に使える電力がPV発電量の71％に低下することが報告されている[16]．このことは，最終消費者の視点から見ると，既存の系統を経由してPV電力を使用すると，1.23倍 (＝87/71) 以上のPV設備コストを負担することになる．システムを最適化すれば，FITに頼らなくても，PVの経済性が20％以上改善できる．

各ケースで最終消費者が負担する費用を表2.2に示す．これより，現状システムのCase1では最終消費者の支出は40,300千円/年である．Case 2では，FITによる電力買取価格を32円/kWhとすると，最終消費者が負担する費用は36,800千円/年になり，Case 1とほとんど差がない．これらに対して，Case 3は最終消費者が負担する費用が大幅に削減され，28,600千円/年になる．この理由はPV電力を自家消費するため，系統で送電する際に生じる交直流変換と送変電損失がなく，発電したPV電力を効率よく利用できることと，FITによってPV事業者へ支払う費用がなくなるためである．

各ケースのCO_2削減効果と既存の電力系統への負荷を**図2.7**に示す．

これより，Case 3は，PVの普及に伴い現状よりも系統の負荷を低減するこ

2.5 双方向システム

表 2.2 各システムにおける最終消費者のコスト負担

	Case 1	Case 2	Case 3
ガソリン	840	0	0
電力会社からの購入電力	3190	2910	2860
FITへの経費	100	770	0
合計 [万円/年]	4030	3680	2860

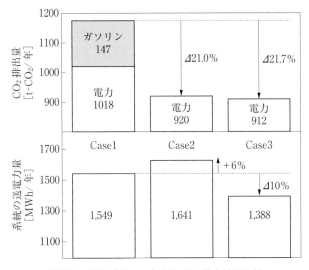

図 2.7 電力系統への負荷と CO_2 排出量の比較

とができる．このことは，構築するシステムを工夫すれば，太陽光発電や風力発電などの再生可能エネルギーの普及拡大を制約しないことを示唆している．

以上のことから，Case 3 は Case 2 に比べ，あらゆる点で優れたシステムである．なお，Case 3 における EV の代わりに電動式移動機器（電動フォークリフトなど）を PV と組み合わせたシステムも研究されており，PV 設置と移動機器の電動化のすべてを含む内部収益率（IRR）が 5.5% と高い経済性を有することが報告されている[17]．

2.6 おわりに

本章では,国や地域でエネルギーを有効利用する方法として,「エネルギー創出」と「双方向システム」で構成されるエネルギー回生の概念を示し,その具体例として,ハイブリッド製鉄所と,太陽光発電と電動式移動機器のコンバインドシステムを概説した.

ハイブリッド製鉄所は 4,500 万 t-CO_2/年以上の CO_2 排出量を削減できる.さらに,原子力発電所 3 基分の建設費で構築できるため,きわめて高い経済性がある.太陽光発電と電動式移動機器のコンバインドシステムは,CO_2 排出量と系統への負荷を低減できる上,特に,経済性に優れている.両システムとも,日本全体へ適用を拡大した場合の CO_2 削減効果は,少なく見積っても,ハイブリッド製鉄所で 3.8% の削減,太陽光発電と電動式移動機器のコンバインドシステムで 6.7% の削減であり,この 2 つで,10.5% の CO_2 削減ができる.

エネルギーは生活の基盤であり,勤労者と 65 歳以上の高齢者におけるエネルギー支出の差は小さい[18].わが国では総人口の減少と高齢者の増加が同時に進行し,将来において,高齢者への介護・医療費への国庫負担増が懸念されている.このような状況の中,年金生活者が,必要なエネルギーは使用しつつ,その支出を削減するシステムの適用を拡大していくことはきわめて重要である.

[参考文献]
1) SMART 研究会:地域分散エネルギー技術,pp. 131-146,海文堂,2004
2) T. Nakagawa:ISIJ International,55(2),pp. 373-380,ISI,2015
3) 下原和也,能登路裕,中川二彦:化学工学論文集,38(4),pp. 255-262,化学工学会,2012
4) 中川二彦,斉間均,小林敬幸,北川邦行,続木健:エネルギー・資源学会論文誌,28(1),エネルギー・資源学会,pp. 56-60,2007
5) 日本エネルギー経済研究所 計量分析ユニット:エネルギー・経済統計要覧,

参考文献

   pp. 202-209，省エネルギーセンター，2015
6) 平田賢：日本機械学会 RC185 資料，2001
7) 中川二彦：エネルギー・資源学会論文誌，32（4），pp. 1-8，エネルギー・資源学会，2011
8) 中川二彦：化学工学会誌，77（3），pp. 163-166，化学工学会，2013
9) 中川二彦，辻 康範：日本機械学会論文集（B 編），78（793），pp. 1560-1571，日本機械学会，2012
10) 三輪 隆，奥田治志：日本エネルギー学会誌，89（1），pp. 28-35，日本エネルギー学会，2010
11) 中曽浩一，Erifina Oktariani，野田敦嗣，板谷義紀，中川二彦，深井潤：エネルギー・資源学会論文誌，32（5），pp. 9-16，エネルギー・資源学会，2011
12) 春名一生，三宅正訓，笹野広昭：住友化学技術誌（Ⅱ），pp. 59-66，住友化学，2005
13) 古瀬典弘，中川二彦，篠原幸一：化学工学論文集，38（6），pp. 415-423，化学工学会，2012
14) 古瀬典弘，中川二彦：エネルギー・資源学会論文誌，34（4），pp. 18-26，エネルギー・資源学会，2013
15) 中川二彦：化学工学会誌，77（3），pp. 167-171，化学工学会，2013
16) 中川二彦，満本祐太：日本エネルギー学会誌，93（8），pp. 716-724，日本エネルギー学会，2014
17) 岡山県：気候変動に対応した新たな社会の創出に向けた社会システムの改革プログラム「森と人が共生する SMART 工場モデル実証成果報告書」，JST，2015
18) 石川達哉，櫨 浩一：ニッセイ基礎研 REPORT 社会保障特集号 Report 1，pp. 6-19，日本生命，2008

3　HEMS技術とその動向

3.1　はじめに

我々の住環境に大きな影響を与える地球温暖化の緩和のためには，その主原因と考えられる二酸化炭素排出の少ない低炭素化社会の早期実現が重要な課題となっている．民生部門における二酸化炭素排出量は全排出量の3割以上を占めており，家庭用の低炭素化の実現が急務となっている．

このような背景のもと，家庭のエネルギー消費を管理し，低減させるHEMS（Home Energy Management System：ホーム エネルギー マネジメント システム）が注目されている．HEMSは低炭素化社会の実現に不可欠な重要な住宅設備として，2012年に政府が示した「グリーン政策大綱」において，2030年までに全世帯に普及させる目標が盛り込まれている．

本章では，このHEMS技術とその動向について，HEMSの概要，国の政策，関連事業者の動向，今後の展望などを交えて述べる．

3.2　HEMSとは

3.2.1　HEMSの概要

HEMSには明確な定義が存在しないが，一般的には家庭内のエネルギーを管理し，省エネを実現するためのICTシステムのことを指す．このエネルギー管理を行うために，「エネルギーの見える化」による消費者の節電行動の促進，「家電，エネルギー機器などの省エネ制御」を行う機能を有するものが多

い．また，普及が進む「蓄電池あるいは電気自動車（EV），プラグインハイブリッド車（PHV）への充放電制御」を行える HEMS も増加している．さらに東日本大震災以降，電力ひっ迫に対応するために電力ピーク時の消費電力を抑制する「デマンドレスポンス」の機能を有する HEMS も製品化されている．

3.2.2　HEMS の構成

HEMS の代表的な構成を図 3.1 に示す．住宅内の複数の住設機器，家電，センサー等を ICT ネットワークで接続する構成である．

また，HEMS には，家庭内でネットワークが完結する製品と，インターネットを介してエネルギー事業者，HEMS サービス事業者の情報センターに接続し，省エネのアドバイスや生活情報の提供など，より高度なサービスを提供する製品が存在する．

・見える化端末：　家庭内のエネルギー消費状況や機器の稼働状況を表示するための表示機である．専用モニタで表示するタイプの他，お客さまのパソコン画面，スマートフォン，タブレット端末を利用し表示する製品などが存在する．

・創エネ機器：　太陽光発電や家庭用燃料電池がある．直流発電した電力を変換器で交流に変換し宅内で利用する．

・蓄エネ機器：　定置型の蓄電池の他，電気自動車・プラグインハイブリット車が蓄エネ機器に相当する．電気自動車・プラグインハイブリット車には蓄電池のように使用し，宅内への放電 V2H（Vehicle to Home）が行えるものも存在する．

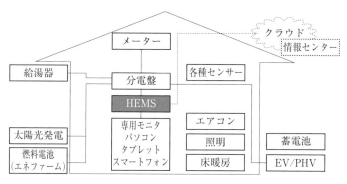

図 3.1　HEMS の構成例

・各種センサー： 人感センサー，温度センサー，照度センサーなどの情報を，より高度な HEM の制御に用いることができる．

3.3 HEMS の主な機能

3.3.1 見える化機能

電力計測機能を有した分電盤や電力スマートメーター（3.3 電力スマートメーターの導入促進参照）で電力使用量を計測，収集して，見える化端末で家庭内のエネルギー状況を「見える化」することで，需要家の節約行動が促進される．現在のほとんどすべての HEMS 製品において「見える化」機能が中心機能として実装されている．電力のみを見える化する製品と，ガス，水道まで見える化できる製品とに分かれる．（図 3.2）

3.3.2 エネルギー機器・家電の省エネ制御機能

ネットワーク化された家電の稼働情報や各種センサー情報をもとに家電，住

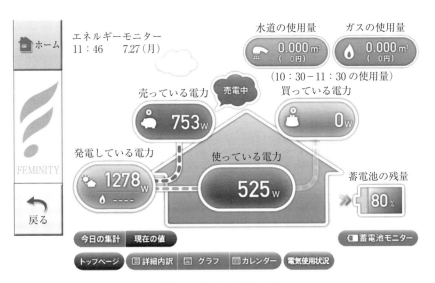

図 3.2 見える化画面の例
（出展：東芝ライテック HP：http：//feminity.toshiba.co.jp/feminity/demo/index_j.html）

設機器をコントロールし，省エネ制御を行う機能である．たとえば人の不在を感知した場合，自動的にエアコン，照明をオフにする，家の総電力が設定量に達したときに，優先順位の低い機器の電源をオフにしたりするといったHEMSが商品化されている．現在は，単純な機器，センサーどうしの連動制御が主流であるが，今後はさらに高度な最適化制御などの製品が実用化されると考えられる．

3.3.3 蓄電池，EV/PHVへの充放電制御機能

HEMSが蓄電池，EV/PHVへの充放電を自動制御し，省コストあるいは省エネを実現させる製品が商品化されている．

また，災害時などにEV/PHVを蓄電池として利用し，車から建物に給電するV2H機能を有するHEMSも商品化されている．

3.3.4 デマンドレスポンス機能

東日本大震災以降の電力のひっ迫状況に対応するために，日中など電力使用が集中する時間帯に家電機器の使用を控えるピークカットや，需要が少なく料金も安い夜間電力を蓄電し，日中に給電し使うタイムシフトを行うHEMSも商品化されている．（図3.3）

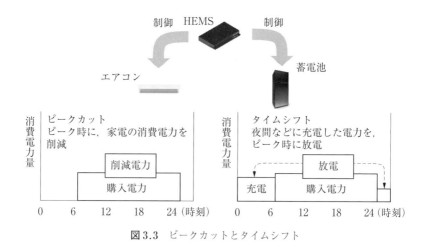

図3.3　ピークカットとタイムシフト

また，CEMS（Community Energy Management System）と呼ばれる地域エネルギー管理システムと連携し，その電力削減要請に応じ，上記ピークカット，タイムシフトを行う実証試験（3.5.1 スマートコミュニティ実証参照）も行われており，将来的な実用化が見込まれている．

3.4　国のHEMS政策について

HEMSは普及途上であり，機器価格や設置工事費が高価である，通信方式が統一されていないため異メーカーどうしの機器接続ができないなどの課題をかかえている．このため，国はHEMSの普及に向け，補助金交付，各種実証試験の実施，HEMS関連規格の標準化，スマートメーター導入促進などの政策を実施している．

3.4.1　HEMS導入補助金の交付

平成23年度から平成25年度まで，HEMSを購入する際の費用を補助し，導入を促進した．（**表3.1**）

表3.1　HEMS導入に関わる補助金

年度	事業名	補助額
平成23年度	エネルギー管理システム導入促進事業補助金	定額10万円
平成24年度		定額7万円
平成25年度	住宅・ビルの革新的省エネ技術導入促進事業補助金	最大7万円

3.4.2　HEMS関連通信規格の標準化

(1) エコーネットライト（ECHONET Lite）規格

HEMSがスマートメーター，家電，電気設備と相互にデータ通信するためには，また異なるメーカーの機器を相互に接続・制御するためには通信規格の標準化が必要である．

経済産業省の主導のもと，エコネットコンソーシアムによって国産の

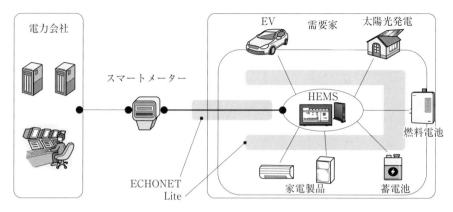

図 3.4　エコーネットライト通信規格（太線部）による機器間の相互通信
（出展：経済産業省 HP）

HEMS 標準通信規格としてエコーネットライトが策定され，標準化が積極的に推進されている．（図 3.4）

特に，スマートメーター，太陽光発電，蓄電池，燃料電池，EV/PHV，エアコン，照明機器，給湯器を重点 8 機器と呼び，規格の標準化が先行して検討されている．

(2) 電力スマートメーターの導入促進

電力スマートメーターとは，通信機能や遠隔で電力遮断・復帰を行う機能を付加したメーターであり，毎月の検針業務の自動化や電気使用状況の見える化を可能とする．図 3.5 に示すとおり 30 分ごとの電力使用量を把握し，エネルギー事業者のエネルギー管理サーバや宅内の HEMS などに情報発信することができるため，検針業務の自動化，省エネのほか，電気料金メニューの多様化，電力ひっ迫時のピークカット・シフト（デマンドレスポンス）など多くの用途に利用可能であり，新たなビジネスの創出，新規参入に繋がると考えられている．

このため，経済産業省は，エネルギー・環境会議やスマートメーター制度検討会を設置し，スマートメーターの導入計画を設定するなど電力会社のスマートメーターの導入を促進している．（図 3.6）

3.4 国の HEMS 政策について

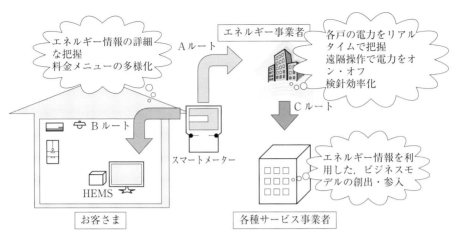

図 3.5 電力スマートメーターの利点

各年度末のスマートメーター導入計画台数(設置予定台数)　←→　各社の導入計画　単位[万台]

	H26 2014	H27 2015	H28 2016	H29 2017	H30 2018	H31 2019	H32 2020	H33 2021	H34 2022	H35 2023	H36 2024
北海道電力		38	53	48	49	51	51	52	56	57	
東北電力	12	65	84	82	81	80	78	73	73	72	
東京電力	190	320	570	570	570	330	330				
中部電力	1	102	146	144	142	139	139	142	139		
北陸電力		15	25	25	23	23	22	19	19	16	
関西電力	160	170	170	170	150※	130※	130※	120※	110※		
中国電力		24	56	61	61	61	61	61	61		
四国電力	3	15	31	31	31	31	31	31	31	30	
九州電力			80	85	85	109	101※	100※	89※	79※	
沖縄電力		1	10	10	10	10	10	9	9	9	
合計	366	750	1225	1226	1202	964	953	608	587	324	9

※　記載導入台数のほかに検定有効期間満了(検満)に伴うスマートメーターからスマートメーターへの取替が発生

図 3.6　各電力会社の導入状況・予定（出典：経済産業省 HP）

3.5 国家プロジェクト実証の推進

3.5.1 スマートコミュニティ実証（次世代エネルギー・社会システム実証）[2010年度〜2014年度]

横浜市，豊田市，けいはんな，北九州市の4地域において，スマートコミュニティに関する実証がなされた．本実証はコミュニティ（地域）のエネルギーの最適化が狙いであり，開発対象が幅広い．HEMSに関連する実証としてエネルギー使用の見える化や，住宅エネルギー設備・家電などの制御，EVと家の連携，蓄電システムの最適設計などが実施された．

また，地域におけるエネルギー利用の全体最適を図る地域エネルギーマネジメントシステム（CEMS：Community Energy Management System）も構築され，HEMSとの連携によるデマンドレスポンスの実証も行われた．

3.5.2 早稲田大学EMS新宿実証 [2012年度〜2014年度]

早稲田大学新宿実証センターが開設され，デマンドレスポンスを中心とする開発・実証がなされた．

スマートメーター，太陽電池，電気自動車，電気自動車用充電/充放電装置，燃料電池，ヒートポンプ給湯機，エアコン，蓄電池などを相互に連携させ，HEMSで宅内機器の最適制御を行うことで，リアルタイムで電力を制御し，電力ピーク時に電力使用量を自動で抑制する技術（ピークカット/ピークシフト）を実証した．

3.5.3 大規模HEMS情報基盤整備事業 [2014年9月〜2016年3月]

今後，HEMSデータを活用することでさまざまなビジネスモデルが新たに構築され，さまざまな分野でエネルギーマネジメントの普及が進んでいくと考えられる．多数のHEMSを大規模な情報基盤で効率よくクラウド管理し，エネルギーデータの利活用を行う事業者が参入しやすい環境を整えることで，HEMS普及を促進させる実証が進められている．（図3.7）

3.5 国家プロジェクト実証の推進

表 3.2 大規模 HEMS 情報基盤整備事業

地域	世帯数	主な参画事業者
福島県会津若松市	約 500 世帯	プリスコラ
神奈川県横須賀市, 他	約 3500 世帯	NTT 東日本
東京都, 神奈川県　東急沿線	約 3500 世帯	東京急行電鉄, パナソニック
静岡県静岡市	約 1000 世帯	TOKAI ホールディングス
三重県桑名市, 他	約 3500 世帯	KDDI, エナリスなど
福岡県みやま市	約 2000 世帯	九州電力, エプコ

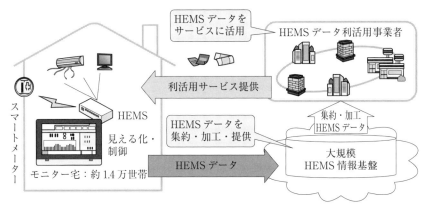

図 3.7　大規模 HEMS 情報基盤活用のイメージ
(出展　KDDI HP：http://news.kddi.com/kddi/corporate/newsrelease/2014/08/28/626.html)

東日本電信電話 (NTT 東日本), KDDI, ソフトバンク BB, パナソニックの 4 社を幹事企業とするコンソーシアムにより, 全国 14,000 世帯に HEMS が導入され, 表 3.2 のとおり HEMS データ活用サービスの実証がなされている.

3.5.4　HEMS 関連事業者の動向

家電メーカー, 通信事業者, エネルギー事業者, ハウスメーカーなどがさまざまな HMES サービスを展開している. 以下に代表的な事例を挙げる.

(1)　家電メーカー, 通信事業者

・東日本電信電話 (NTT 東日本)「フレッツ・ミルエネ」

インターネット接続サービス「FLET'S 光」のオプションサービスとして, 見える化サービス「フレッツ・ミルエネ」を展開している. 電力計測機器, デ

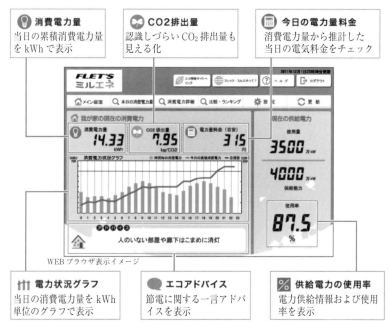

図 3.8 フレッツ・ミルエネのエネルギー見える化画面
(出展 NTT 東日本 HP：https：//flets.com/eco/miruene/)

ータ収集用ゲートウェイが別途必要（レンタル制度あり）である．（図 3.8）
・東芝ライテック「Feminity 倶楽部」他

　同社は最も古い HEMS への参入事業者の 1 つである．白物家電を販売する同社が 2002 年にホームオートメーションのサービスとして開始した「Feminity」に対し，2005 年に HEMS のコンテンツを追加したサービスであることから，家電製品の遠隔制御（エアコン，照明），状態確認（洗濯機，冷蔵庫）など，利便性向上に関わるコンテンツが豊富な有料サービスとなっている（図 3.9）．

　同社はさまざまなハウスメーカーへの HEMS の提供を行っている．また，電力スマートメーターの普及に対応するために，スマートメーターに接続し直接データを収集できる無線機を 2014 年 10 月から製品化している．

3.5 国家プロジェクト実証の推進

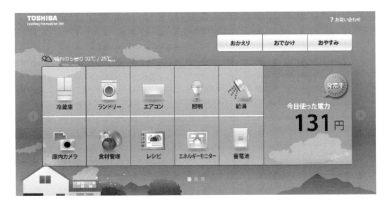

図3.9 Feminity倶楽部のホーム画面
(出展 東芝ライテックHP：http://feminity.toshiba.co.jp/feminity/demo/index_j.html)

・日本電気 (NEC)「クラウド型 HEMS」

同社は，太陽光発電，蓄電池に関わる機能を強化したHEMSを製品化している．特に蓄電池のコントローラとしての機能が強化されているのが特徴である．太陽光発電を絡めた蓄電池制御を行い，省コスト，省エネ，停電時の時給自足運転などの運転モードを選択できる．

積水化学工業（積水ハイム）に搭載される「スマートハイム・ナビ」への供給が多くを占める

(2) エネルギー事業者

・関西電力「はぴeみる電」

同社は電力スマートメーターの導入を他社に先駆けて実施しており，Aルート（「3.4 電力スマートメーターの導入促進」参照）を利用した見える化の無料サービスの提供を開始している．

従来の電力メーターが設置されている需要家は，パソコンで1ヶ月ごとの電力使用量しか確認できないが，スマートメーターが導入済み（2022年度までに全戸に導入予定）の需要家は30分ごとの電気使用量を確認できる．

・大阪ガス「エネルックPLUS」

ガス事業者の提供するHEMSサービスとして燃料電池にも対応している．電気のみでなくガス（熱）についても見える化，省エネアドバイスをきめ細か

図 3.10 エネルック PLUS のガス機器などの遠隔制御
（出展　大阪ガス HP：http://home.osakagas.co.jp/search_buy/enelookplus/about/remote.html）

く行えるなど，家庭内のエネルギー全体について管理できることが特徴である．（**図 3.10**）

スマートフォンによるガス給湯器の遠隔湯はり，床暖房の遠隔制御などガス機器の利便性を向上させるコンテンツを幅広く有する．

(3)　ハウスメーカー

HEMS は大手ハウスメーカーのスマートハウス，太陽光搭載住宅などを中心に搭載されている．新築戸建住宅の差別化などを目的として，積極的な HEMS 導入姿勢を示す大手ハウスメーカーが存在する一方で，ユーザメリットについて懐疑的な見方をするメーカーも存在し，HEMS 採用率はメーカーによって大きく異なる．また，地場工務店と呼ばれる中小ハウスメーカーの採用率は，総じて低い．（**表 3.3**）

家電メーカー製 HEMS を OEM で採用するケースが多いが，大和ハウス工業，トヨタホームなど自社開発した HEMS を搭載するメーカーも一部存在する．

今後は，「2020 年までに標準的な新築住宅で ZEH（ネット・ゼロ・エネルギー・ハウス）の実現を目指す」というエネルギー基本計画（2010 年 6 月第 3 次計画）に基づき，各社が ZEH 販売シェアを上昇させる動きを見せており，これに伴い HEMS の採用率は上昇していくと考えられる．

表 3.3 各ハウスメーカーの HEMS 搭載率

ハウスメーカー	HEMS	2014 年度 新築戸建販売数	HEMS 搭載率
積水化学工業（積水ハイム）	スマートハイム・ナビ	10,000	80%
積水ハウス	あなたを楽しませ隊	15,000	53.3%
大和ハウス工業	D-HEMS3	7,600	39.5%
パナホーム	スマート HEMS	5,500	18.2%
トヨタホーム	TSC-HEMS	3,500	51.4%
新築戸建住宅全体	—	407,000	16.7%

（出展　富士経済：2015 エネルギーマネジメントシステム関連市場実態総調査, 2015 年 7 月）

3.6　今後の方向性

これまでに述べてきたとおり HEMS は，①コストメリットが小さい（投資回収年数が長い），②接続機器に制限がある（標準通信規格が整備されていない，家電などに通信機能がない）などの理由で，まだ普及途上にある．

しかし，今後は以下の普及シナリオが想定され，HEMS の普及はさらに促進され，省エネ・利便性の向上に関わる制御技術が高度化される方向となると考えられる．（**表 3.4**）

・国が ZEH（ネット・ゼロ・エネルギー・ハウス），LCCM（ライフサイクルカーボンマイナス住宅）などの省エネ住宅建設を強く推進するなか，ハウスメーカーが HEMS を積極的に採用していく．

・スマートメーターの導入により，全家庭の 30 分電力量が計測されるようになる．また，上記データは，第 3 者も活用可能となる予定であり，新たなビジネスモデルの創出や新規事業者の参入が行われ，HEMS 市場が活性化される．

・2016 年 4 月から家庭用電力が完全小売自由化され，需要家が電力会社を選択できるようになる．電力会社間の競争促進により，電力メニューの多様化が予想され，時間帯において電力単価が異なる料金メニューの出現も想定される．このような料金テーブルにおいては，HEMS が家電・住設機器の自動最適制御を行うことで大きなコストメリットを生めるようになる．

表3.4（1） 各事業者のHEMS（*オプション）

業種	企業名	製品名	見える化						
			電気	ガス	水道使用	太陽光発電量	太陽光売電量	燃料電池など発電量	蓄電池充放電量
家電メーカー	パナソニック	スマートHEMS	○	○	○	○	○	○	○
	三菱電機	三菱HEMS	○	○	○	○	○	○	○
	三菱電機	エコガイドTAB	○			○	○	○	
	東芝ライテック	フェミニティ倶楽部	○	○		○	○	○	○
	シャープ	クラウドHEMS	○			○	○		○
	日本電気	クラウド型	○			○			○
住設メーカー	デンソー	HEMS	○	○		○	○	○	○*
	トヨタメディアサービス	H2V eneli		○					○
	京セラ	ハウスマイルナビィ	○			○	○		○
	LIXIL	みるる	○			○	○		
	因幡電機産業	エムグラファー	○			○		○	
	エネゲート	Smart Ecowatt	○						
通信事業者	東日本電信電話	フレッツ・ミルエネ	○			○			
	ケイ・オプティコム	Smart Ecowatt for eo	○			○			
その他	大阪ガス	エネルックPLUS	○	○	○	○		○	
	日新システムズ	カスタムHeMS	○			○			○
	エナリス	エナリスHEMS	○			○			
	エプコ	ぴぴパッ！	○						
	エディオン	エディスマHEMSスタンダード	○			○			

表3.4（2） 各事業者のHEMS（*オプション）

業種	企業名	製品名	表示端末		制御			エコーネットライト対応	クラウド
			専用モニタ	PC、スマホ、タブレット	家電	蓄電池	EV・PHV		
家電メーカー	パナソニック	スマートHEMS	○	○	○	○		○	○
	三菱電機	三菱HEMS		○	○	○	○	○	○
	三菱電機	エコガイドTAB	○		○			○	○
	東芝ライテック	フェミニティ倶楽部		○	○			○	○
	シャープ	クラウドHEMS	○	○	○			○	○
	日本電気	クラウド型		○	○				○
住設メーカー	デンソー	HEMS	○		○	○*	○*	○	○
	トヨタメディアサービス	H2V eneli		○	○		○	○	○
	京セラ	ハウスマイルナビィ	○		○				○
	LIXIL	みるる	○						
	因幡電機産業	エムグラファー	○	○	○*			○	
	エネゲート	Smart Ecowatt		○					○
通信事業者	東日本電信電話	フレッツ・ミルエネ		○	○			○	○
	ケイ・オプティコム	Smart Ecowatt for eo		○					○
その他	大阪ガス	エネルックPLUS	○	○	○			○	○
	日新システムズ	カスタムHeMS		○	○			○	○
	エナリス	エナリスHEMS		○	○				○
	エプコ	ぴぴパッ！		○	○*			○*	○
	エディオン	エディスマHEMSスタンダード	○		○			○	○

3.7 おわりに

　低炭素化社会の実現はいうまでも最も重要な事項であり，各省庁のみならず多くの企業あるいは個人がその実現に向け努力している．HEMS は発展途上であるが，5 章などで述べたとおり追い風の要因も多く，HEMS が普及・進化することで，環境によりやさしい暮らしが実現することを強く望む．

［参考文献］
1) 経済産業省：スマートメーター制度検討会報告書，2011 年 2 月
2) 富士経済：2015 エネルギーマネジメントシステム関連市場実態総調査，2015 年 7 月
3) 富士経済：低炭素化/ゼロ・エネルギー住宅の普及に向けた HEMS・MEMS 市場の将来展望
4) 東京電力電気家計簿 HP：http://www.tepco.co.jp/kakeibo/index-j.html （2014.7.30 閲覧）
5) 関西電力　はぴeみる電 HP：https://home.kepco.co.jp/miruden/ （2014.7.30 閲覧）
6) 大阪ガス　エネルック PLUS：
http://home.osakagas.co.jp/search_buy/enelookplus/ （2014.7.30 閲覧）
7) NTT 東日本　フレッツミルエネ HP：
https://flets.com/eco/miruene/ （2014.7.30 閲覧）
8) 東芝ライテック　FEMINITY 倶楽部 HP：
http://feminity.toshiba.co.jp/feminity/ （2014.7.30 閲覧）
9) パナソニックスマート HEMS　HP：
http://www2.panasonic.biz/es/densetsu/aiseg/ （2014.7.30 閲覧）
10) NEC　クラウド型 HEMS　HP：
http://jpn.nec.com/energy/house/hems.html （2014.7.30 閲覧）
11) 大和ハウス　スマートハウス HP：
http://www.daiwahouse.co.jp/column/letter/201407/feature.html （2014.7.30 閲覧）

4 太陽光発電技術の動向

4.1 はじめに

　再生可能エネルギーの1つである太陽光発電は，エネルギー源がほぼ無限に存在し，使用に金銭の必要ない太陽光であることから大きな潜在能力を秘めている．また，製造時にはエネルギーの投入が必要であるが，その後はほとんどエネルギーの投入が必要でなく，太陽光さえあればどんどん電気エネルギーを生み出すことができるため，トータルで考えると CO_2 の排出量が少なく，エネルギー効率のよい発電である．近年，電力の固定価格買取制度が導入された影響もあり，太陽光発電技術には一層注目が集まり太陽電池の導入量も増加の一途をたどっており，あまりの増加ぶりに既存のシステムが対応しきれず，一部の電力会社では太陽光発電からの電力買取保留という事態も起こった．今後も太陽光発電の導入はますます進むと考えられ，重要性は増していくと考えられる．

　この章では太陽光発電の中心となる各種太陽電池について説明した後，最近の太陽光発電技術の動向を紹介するとともに，太陽光発電のコストやエネルギーや CO_2 の削減への寄与についても説明を行う．最後に太陽光発電の問題点，課題などとその解決策について解説する．この章を通じて読者の太陽光発電への理解が深まれば幸いである．

4.2 各種太陽電池の紹介

　太陽光発電では，太陽光を電気に変換するために太陽電池を使用する．太陽

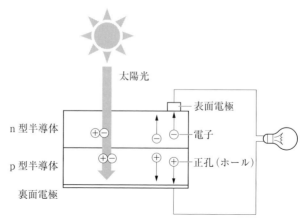

図 4.1　太陽光発電の模式図

電池のほとんどは p 型半導体（p 層）と n 型半導体（n 層）が接合された pn 接合ダイオードであり，半導体の性質を利用し発電を行っている．2014 年のノーベル物理学賞で話題になった青色発光ダイオードに代表される発光ダイオードと基本的には同じ構造であるが逆過程で働かせているものである．図 4.1 に示すように太陽電池では光が照射されることにより太陽電池内部でマイナスの電荷をもった電子とプラスの電荷をもった正孔（ホール）が発生する．p 層と n 層による内部電界により電子と正孔が再結合し消滅しないように分離され，外部回路を通じ電流として取り出せるようになっている．

　半導体の伝導帯と価電子帯の間のエネルギー差をバンドギャップと呼ぶが，基本的に 1 つの材料に対しては固有のバンドギャップをもち，このエネルギー差が吸収できる光の波長に対応している．バンドギャップに対応する光より長波長（低エネルギー）の光は吸収されずに透過してしまい，バンドギャップより短波長（高エネルギー）の光はバンドギャップに対応するエネルギー分は電気エネルギーに変換可能であるが，バンドギャップとの差のエネルギーは熱に変換されてしまい電気に変換することはできない．

　単一材料を使用する単接合の太陽電池では，太陽光のスペクトルと太陽電池の材料のバンドギャップとの関係で理論的な最大発電効率は求まり，単接合では 30％程度が発電効率の限界となる[1]．そのため，バンドギャップの異なる材

料を用いて作成した太陽電池を積層構造した多接合太陽電池が開発された．多接合太陽電池は別名，積層型，タンデム型やスタック型とも呼ばれる．光が入射する側からバンドギャップが広い太陽電池を積層することで，光を効率良く電気に変換することができる．多接合太陽電池は単接合太陽電池と比較して高価なものが多いことから太陽光を集光して必要な太陽電池の小面積化を行う集光型の太陽光発電と組み合わせて使用されるケースも多い．

太陽光発電では各種太陽電池単体のことをセルと呼ぶ．多くの場合セル当たりの発電では 1 V 以下の電圧しか発生せずこのままでは使いづらいため，通常の太陽電池パネルではセルを直列，並列に接続し，数十から百 V 程度の電圧が得られるようにしている．このようにセル同士が接続されたものをモジュールと呼ぶ．通常販売されているのはこの太陽電池モジュールの状態である．セル同士の接続時に若干のロスがあるので，モジュールでの発電効率は一般的にセルの発電効率よりは低下する．家庭の屋根に設置する場合，数枚のモジュールを使用し発電量として 3 kW 程度を確保するとともに，インバーターなどの付属の設備を通じ，送電網と連携されている．

4.2.1 シリコン系太陽電池

図 4.2 に主な太陽電池の種類を示す．**図 4.2** のように数多くの種類の太陽電池が開発され実用化されているが，シリコン系の太陽電池が最も多く市場に流通しており（2011 年度で約 9 割），残りの大部分を化合物系が占めている[2]．

シリコン系太陽電池の中で古くから研究されており，実績を残しているのが単結晶シリコン太陽電池である．単結晶太陽電池はパソコンの IC などに使用されているシリコンの単結晶を使用した太陽電池である．元々は p 型の単結晶基板の片面にリンを熱拡散させ，n 型化することにより作成されてきた．単結晶であるため，結晶構造の乱れなどに由来する電子と正孔の再結合が起きにくいことから比較的高性能である．

多結晶シリコン太陽電池は，単結晶に比べ比較的安価に製造できる多結晶シリコンを使用した太陽電池である．多結晶は複数の結晶が集まって構成されているため結晶と結晶の間に粒界が存在し，粒界での電子と正孔の再結合があるため，効率が低下してしまうという問題がある．そのため粒界部を不活性化さ

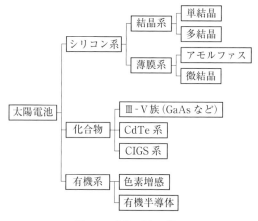

図 4.2　太陽電池の種類

せる技術の開発が行われ，単結晶シリコン太陽電池に近い性能を発揮できるものも開発されている．

　薄膜シリコン太陽電池は，結晶系の太陽電池とは異なり，ガラスなどの基板の上にシランガスを原料としプラズマ CVD 法などを使用して作成する．原料ガスを分解し，生成した製膜で前駆体の表面反応により薄膜を作成し，太陽電池にしたものである．アモルファス（非晶質）シリコン太陽電池と微結晶シリコン太陽電池がある．薄膜シリコン太陽電池は結晶系に比べると発電効率は高くないものの，使用するシリコンの量が少なくて済むことや，基板にプラスチックを使用できるためフレキシブルな太陽電池を作成できるといったメリットがある．

　また，単結晶とアモルファスを組み合わせたシリコンヘテロ接合型太陽電池が単結晶太陽電池より高い性能を示しており，近年注目を集めている．シリコンヘテロ接合太陽電池では，単結晶基板上にテクスチャと呼ばれる凹凸構造を形成し，光閉じ込め効果による光の有効利用を行っている．通常，結晶の表面には未結合手（ダングリングボンド）が存在し，キャリアの再結合中心となる．そのため結晶の両面にノンドープの真性アモルファスシリコンを製膜し，界面の未結合手を終端し不活性化させることにより高い性能を達成している．

　近年，ヘテロ接合を含む結晶シリコン系の太陽電池では元々は表面，裏面の

それぞれにあった電極を裏面側に集中させるバックコンタクト構造にすることにより，今まで表面の電極で失っていた入射光の損失を抑え，発電効率の向上につなげている．

4.2.2　化合物系太陽電池

化合物系太陽電池ではCIGS系太陽電池，CdTe太陽電池やIII-V族の多接合太陽電池がよく知られている．

CIGS系太陽電池はカルコパイライト（黄銅鉱）系の材料を用いて作成され，代表的な材料であるCu-In-Ga-Seの頭文字を取ってCIGS系と呼ばれている．CIGS系太陽電池は基板上にCIGS系の材料を堆積することにより作成される．必要な膜厚が数μmと薄いので省資源であり，製造に必要なエネルギーもそれほど多くないにもかかわらず研究室レベルでは20%以上，量産品でも14%以上の比較的高い効率を達成している[2),3)]．また，フレキシブルな太陽電池も作成できるなどのメリットもあるが，原材料にレアメタルであるInを含んでいるため，大量に製造する際にはそれがネックになる可能性がある．そのためInを使用しないCZTS（Cu-Zn-Sn-S）などの代替材料の開発が行われており，将来的にはシリコン系と同様に普及する可能性もある．

CdTe太陽電池はn型のCdSとp型のCdTeにより構成される太陽電池でCIGSと同様に，必要な膜厚が薄く，製造に必要なエネルギーが比較的少ないにもかかわらず性能は研究室レベルで19%以上，量産品で16%以上と比較的高いことが知られている[3)]．そのため欧米では広く普及しているが，日本では原料にCdが使用されていることからほとんど普及していない．

III-V族太陽電池はAl，GaやInなどのIII族の元素とAsやPなどのV族の元素の組み合わせにより構成させる太陽電池である．構成元素の組み合わせによりバンドギャップの値を変化させられるため，複数の太陽電池を積層化した多接合太陽電池に使用され，40%を超える発電効率を達成している[3)]．これらの多接合太陽電池は製造コストが嵩むため，シリコン系太陽電池などとは異なり，太陽電池自身は小面積のものを使用し，そこにレンズや鏡などで太陽光を集光し，発電を行う場合や，放射線耐性がシリコンなどに比べて優れているため人工衛星などの宇宙用に使用される場合が多い．

4.2.3 有機系太陽電池

有機系太陽電池としては色素増感太陽電池と有機半導体太陽電池が知られている．色素増感太陽電池は通常のpn接合の太陽電池とは異なり，色素を吸着した酸化チタンと電解液により構成されている．色素により光を吸収し，励起した電子を酸化チタンに渡し，電解液から電子を受け取ることで発電を行うものである．低コストで作成でき，シースルー化も容易である．カラフルな色素を使用できることから，今まで太陽電池が使用されてこなかった用途への利用が期待されている．また，色素の代わりにペロブスカイトと呼ばれる無機の微粒子を電解液の代わりに有機ホール材料を使用することにより，14％以上の発電効率が達成されており注目を集めている[2]．

有機半導体太陽電池は材料に無機材料でなく，有機材料を用いたものである．以前はプラスチックなどの有機材料は絶縁体であると考えられてきたが，π電子を有効に利用することにより有機の導電性材料が作成できるようになってきている．太陽電池にするためにはp型とn型の材料が必要であるが，導電性材料のほとんどはp型であり，n型の材料の開発が望まれていたが，n型にフラーレンを使用することにより太陽電池化された．研究室レベルでは10％を超えるものも作成され期待されているが，耐久性の面で課題が残っている[2]．

図4.3に米国の国立再生可能エネルギー研究所（National Renewable Energy Laboratory, NREL）の資料[3]を元に作成した各種太陽電池の最高発電効率の変遷を示す．どの太陽電池も右肩上がりで発電効率を伸ばしており，単接合（単一材料）の太陽電池では，パナソニックがHIT®太陽電池で25.6％を達成しており，多接合ではドイツのフラウンホーファー協会太陽エネルギーシステム研究所らのグループで508倍に集光した4接合の太陽電池で46％が達成されている[3]．

これ以外にもまだ実用化されていないものの理論的には60％を超える発電効率が可能である量子ドット太陽電池なども提案され，日々研究開発が進んでいる状況である[2]．

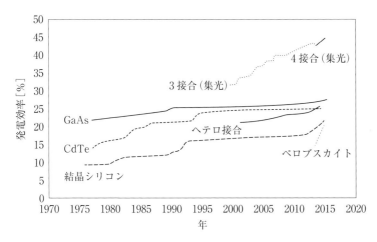

図 4.3　各種太陽電池の発電効率のトップデータの変遷
（NREL の資料[3] を元に作成）

4.3　太陽光発電の現状

次に太陽光発電の現状について太陽光発電の導入量，発電コスト，発電に占める割合，各種ペイバックタイムなどについて解説する．

4.3.1　発電量と導入量[4]

図 4.4 に 2013 年度の日本の発電電力量の内訳を示す．太陽光発電を含む再生可能エネルギーは近年，急速に導入が進んでいるが，水力を除く再生可能エネルギーで 2.2%，水力を含めても 10.7% で全体に占める割合はまだまだ小さい．このためより一層の普及が望まれている．

図 4.5 に 2000 年度から 2014 年 11 月時点までの日本における太陽光発電の累積導入量を示す．導入量は年々増加していることがわかるが，特に近年の増加が著しくなっている．これは 2009 年から余剰電力買取制度，2012 年 7 月より固定価格買取制度（Feed-in Tariff，FIT）が導入された影響だと考えられる．固定価格買取制度とは，設備導入コストに合わせて導入された設備から買い取る電力の価格（タリフ）を設定し，一定の期間，その価格での電力買取を

保証する仕組みである．FITは太陽光発電を始め再生可能エネルギーによる発電量の増加を狙って導入された．FIT導入後，初年度の買い取り価格が42円/kWhと高めに設定されたこともあり，2012年7月から2015年11月までに認定された太陽光発電の設備認定容量（非住宅）は7000万kW以上に及ぶが，このうち実際に導入されているものは2割強で，残りはこれから導入予定のものである．そのため今後もさらに導入量が増加することが見込まれている．

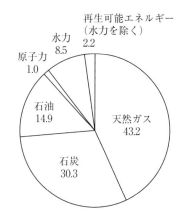

図4.4 2013年度の日本の発電電力の内訳（％）[4]

世界的に見た場合，2012年までの累積導入量が10万MW強であり，そのうちの3分の1に当たる3万MW強をドイツが導入している．日本以外の他の国としては米国，スペイン，イタリア，中国の導入量が多くなっている．

日本では最大導入量目標例として2020年に2万8千MW，2030年に5万3千MWという想定を2009年時点で行っていたが，その後2030年の導入量を再人で10万MWとしている．FIT導入後の設備認定容量を考えるとこの想定を上回る可能性もある．

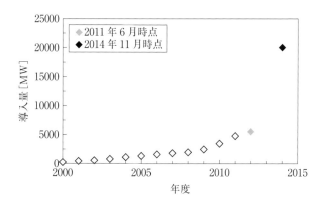

図4.5 日本における各年度の太陽電池の累積導入量[4]

4.3.2 発電コスト[2),4)]

太陽光発電システムの価格に関しては太陽光発電システムの導入量が拡大し普及が進んでおり,太陽電池自体ならびに付属設備の低価格化が進み,システムとしての価格も低下しているが,2012年で1kW当たり42.7万円(10 kW以下),28万円(10 kW以上)と報告されている[4)].発電コストは住宅用で33.4〜38.3円/kWh,メガソーラーで30.1〜45.8円/kWhと試算されており,欧米に比べると欧州の住宅用が0.19〜0.35ユーロ/kWh,メガソーラーで0.16〜0.31ユーロ/kWh,米国の住宅用0.22〜0.28ドル/kWh,メガソーラーで0.18〜0.24ドル/kWhという価格と比べると為替レートの変動もあるので単純には比較できないがやや高くなっている.これに関しては日本国内ではシステム価格が高めであることと,日射などの気象条件でやや恵まれていないことが原因である.

現在太陽光発電システムに占める太陽電池自体の製造コストは2割程度まで低下している.また架台やインバーターなどのその他のハードウェアの費用も全体の4割程度まで低下しており,残りの施工時の人件費,流通コストなどの割合が相対的に増加している[3)].そのため,今後更なる低価格を目指す上ではハードウェア以外の部分のコストについても考える必要がある.

4.3.3 エネルギーならびに CO_2 の削減効果について[2)]

次に太陽光発電を利用した場合のエネルギーのペイバックタイムについて考える.エネルギーペイバックタイムとはライフサイクル中に投入されるのと同じだけのエネルギーを,発電によって節約できるまでに必要な稼働期間のことである.化石燃料を使用する火力発電では,電力に変換されるエネルギーの効率は30〜50%であることが知られている.仮に100 GJの一次エネルギーを使用する場合,火力発電では30〜50 GJの電力が得られることになる.

これに対して100 GJの一次エネルギーから太陽光発電では5 kW分の設備を生産することができる.この5 kWの設備を年間1000時間の発電で一般的に太陽電池の寿命といわれている20〜30年の間使用すると,360〜540 GJの電力が得られる.太陽光発電でも製造時以外に保守や廃棄でエネルギーの投入

は必要であるが,人為的に投入されるエネルギーの9割以上は製造時である.これを元に計算すると日本における太陽電池のエネルギーペイバックタイムは1〜3年と計算される.

また,エネルギー自給率の観点からも非常に優れている.火力発電では使用する化石燃料の多くは輸入に頼っており,国際情勢の変化によっては輸入に支障をきたす可能性がある.それに対し太陽光発電では太陽電池が設置されていれば発電に必要な日射は国内で確保できるためエネルギー自給率を向上させることができる.

次にCO_2の削減効果について考える.地球温暖化は我々が直面している大きな問題の1つであり,温暖化の抑制のためにはCO_2を始めとする温暖化効果ガスの排出抑制が必要となる.太陽光発電では,太陽光を電気に変換する過程ではCO_2を排出しない.システムの生産時にはCO_2を排出するが,それでも発電量当たりのCO_2排出量は非常に少ない.化石燃料による火力発電では,発電量1kWh当たり500g〜1kgのCO_2を排出し,日本の電力全体の平均値を取っても360g/kWhである.

これに対し太陽光発電では,寿命20年と仮定すると34〜69g/kWh,寿命30年と仮定すれば23〜46g/kWhと同じ電力を得るために排出するCO_2量は,火力発電の数-十数%程度と非常に少なくなる.エネルギーペイバックタイムと同様に,CO_2に関しても日本におけるペイバックタイムを計算すると1〜3年と計算される.このように,CO_2で考えてもエネルギーで考えてもペイバックタイムが短くなるのは発電量当たりの化石燃料の消費量が少ないためである.

4.4 太陽光発電の課題[2),4)]

これまでのところで述べてきたように,太陽光発電は比較的環境に優しく有望な発電技術ではあるが多くの課題,問題点も抱えている.ここではそれらの課題,問題点と対応策について紹介していきたい.

太陽光発電の大きな課題の1つは発電コストが高いことである.現在の発電コストは1kWh当たり30円程度であり,電力会社から購入する電力より割高

4.4 太陽光発電の課題

である．NEDO のロードマップでは 2030 年に 1 kWh 当たり 7 円を目指しており，低コスト化，高効率化，長寿命化などの技術革新や大量普及による太陽電池自体のコストダウン，規模拡大による設置の際の施工のコストダウン，FIT などの政策によるコストダウンなどが行われている．実際に海外では，このようなコストダウンの効果により太陽光発電の発電コストが家庭用の電気料金を下回るケースも出始めている．

このように太陽光発電による発電コストは低下する一方であるのに対し，電力料金を考えると，現在発電でメインに使用されている火力発電では化石燃料を使用している．化石燃料については長期的視野に立てば枯渇のリスクや，海外からほぼすべてを輸入しているため，国際情勢によって価格が上昇する可能性が高いと考えられる．そのため今後も火力発電が現在と変わらず発電の中心的な役割を果たすと仮定すれば，電力価格は上昇し，将来的には日本でも発電コストが電力価格を下回ると考えられる．

次に系統接続の問題がある．太陽光発電はその特性として日射がある時にしか発電せず，太陽電池自身は発電した電気を貯蔵しておけない．そのため系統電源に太陽電池を大量に接続した場合，発電量が日射に応じて大きく変動してしまい，系統電源が不安定になり突発的な停電などの原因になる．このため総発電量に対し一定の割合までしか接続できない．この問題に対しては，太陽光発電を行う場所を分散させ，雲などによる日射の急激な変化の影響を緩和すること，太陽光発電を行う場所の日射量の予測を正確に行うことにより，発電量の時間変化を予測し，それに合わせて火力発電などの発電量が調整可能な発電方法で補填することが考えられている．また，二次電池を利用して平準化する，太陽光発電により得られた電力で揚水を行い，別のタイミングで水力発電を行う，得られた電力で水素を製造し，燃料電池などに使用するといったアイデアが提案されている．

長期使用の観点からは信頼性も重要である．メガソーラーなどの大規模発電設備において，PID（Potential Induced Degradation，電圧誘起出力低下）現象が報告されている．PID 現象は急激に出力が低下する現象で，収益性を悪化させてしまい大きな問題となる．PID は太陽電池を製造したメーカーによって起こりやすいものとあまり起こらないものがあり，そのはっきりとした原

因は明らかではない．そのほかにも，太陽電池のパネルには問題ないもののインバーターなどの故障によりシステムとしての発電量の低下が起こることが報告されている．これらの発生原因を探るための耐久性試験の方法の確立や，不具合が発生したときにすぐに発見できるようなモニタリング方法の確立が重要である．また，2015年6月に群馬県で起こった突風により太陽電池パネルが巻き上げられ破壊されたケースにあるように，太陽電池パネルを設置する架台の機械的な強度についてもどの程度しっかりしたものにするかを検討する必要がある．

4.5 おわりに

　この章では，太陽電池についての紹介，太陽光発電の現状と将来，課題と解決策などについて解説した．多くの特徴ある太陽電池が開発されており，現在はシリコン系太陽電池が主に使われているが，化合物系の太陽電池も普及し出しており，有機系太陽電池も将来有望である．今後は，太陽電池の高効率化とともに，新たな用途に使用できる可能性がある非真空プロセスや，プラスチックなどの基板上に作成できる低温プロセスで作成できる太陽電池も期待されている．

　太陽電池は火力発電などに比べて必要なエネルギーが少ない，CO_2の排出量が少ないなど環境に優しい発電手法である．しかし，現在では発電量に占める割合は1%程度とまだまだ低く，今後，さらなる導入が望まれている．発電コストが高い，発電量が急激に変化するといった課題がある．発電コストについては章内で述べたように，技術革新や政策的な導入推進により将来的には電力価格より値段が低下することが予想され，発電量の大きな変化については他の発電手法や広域での発電を組み合わせるなど，電力システム全体として対応する必要がある．このように問題はあるもののその特徴を理解した上で，他の発電技術と組み合わせてシステムとしての最適化を行い，太陽光発電の導入を推進していくことが望まれる．

　この章ではページ数の制約により載せられなかった情報もある．より詳細な説明を望む読者には以下の2冊の図書を推薦する．参考文献2)は産業技術総

4.5 おわりに

合研究所のグループの著書で，太陽電池の歴史，原理から最新技術安全性，信頼性について非常にわかりやすく書かれた良書で，初学者でも理解しやすいように書かれている．参考文献 4) は NEDO によってまとめられた白書で，Web でも入手可能である．日本だけでなく各国の太陽光発電技術の最新の動向と将来的な予想，日本国内の関係プロジェクトに関する情報がまとめられている．

[参考文献]
1) M. A. Green, K. Emery, Y. Hishikawa, W. Warta, and E. D. Dunlop：Solar Cell Efficiency Tables, Prog. Photovolt：Res. Appl. 21, 827, 2013
2) 産業技術総合研究所太陽光発電工学研究センター：トコトンやさしい太陽電池の本（第 2 版），日刊工業新聞社，2013
3) http：//www.nrel.gov/ncpv/images/efficiency_chart.jpg　2015/7/31 現在
4) 独立行政法人新エネルギー・産業技術総合開発機構：NEDO 再生可能エネルギー技術白書（第 2 編），森北出版，第 2 章　太陽光発電，2014
   または，http：//www.nedo.go.jp/library/ne_hakusyo_index.html よりダウンロード可能

5　バイオマスエネルギー利用技術

5.1　はじめに

　バイオマス（Biomass）とは生物資源の意味で使用される言葉で Bio（生物）の Mass（固まり），すなわち鉱物資源などのように工業的に利用できるほどのまとまった量が確保された生物資源といえよう．バイオマスをエネルギー資源として扱う場合は，本章のタイトルにも書いたようにバイオマスエネルギーという言葉が一般的ではあるが，欧米では短縮してバイオエネルギー（Bio-energy）と呼ぶことが多い．バイオマスの利用技術は非常に多岐にわたり，ここでそれらを網羅するには枚挙に暇がないので，本章ではタイトルに示すとおりバイオマスエネルギー利用に絞りたい．バイオマスエネルギー利用技術も，① 発電利用，② 熱利用，③ 燃料製造に大きく分類できるが，再生可能エネルギー固定価格買取制度が施行されて以降，何かと話題の多いバイオマス発電を中心に話を進めていきたい．（**表 5.1**）

5.2　バイオマスのエネルギー利用を巡る最近の動き

　はじめに，国内のバイオマスエネルギーに関わる動向を**表 5.2** に時間軸で整理してみた．

　バイオマスという言葉が一般的に使われるようになったきっかけは何といっても，国策として地球温暖化防止，循環型社会形成，戦略的産業育成，農山漁村活性化等の総合的見地から，農林水産省をはじめとした関係府省が協力して，バイオマスの利活用推進に関する具体的取組みや行動計画「バイオマス・

第5章 バイオマスエネルギー利用技術

表5.1 バイオマスエネルギー変換技術とエネルギー利用形態

エネルギー変換技術			エネルギー利用形態		
			発電	熱利用	輸送燃料
物理的変換	固体燃料製造	薪，チップ ペレット，ブリケット RDF*1，バイオソリッド*2 等	○	○	—
熱化学的変換	気体燃料製造	熱分解ガス化	○	○	
		水熱ガス化	△	△	
	液体燃料製造	BTL（ガス化-触媒反応）	—	—	△
		バイオディーゼル燃料製造（エステル交換・酸化安定化）	○*3		○
		急速熱分解	—	—	△
		水熱液化			△
		藻類由来のバイオ燃料製造			△
	固体燃料製造	炭化・半炭化	○	○	—
生物化学的変換	気体燃料製造	メタン発酵	○	○	○
		バイオ水素製造	△	—	△
	液体燃料製造	エタノール発酵	—	—	○
		ブタノール発酵	—	—	△

○：実際に利用されている形態　△：研究開発されている形態
*1：RDF：可燃ごみを原料として破砕，成形，乾燥された固体燃料（Refuse Derived Fuel の略）
*2：バイオソリッド：下水を固体燃料化したもの
*3：主に助燃剤として利用
（出展　NEDO 再生可能エネルギー技術白書第 2 版，表 4.3）

ニッポン総合戦略」が 2002 年（平成 14 年）12 月に閣議決定されたのがまず挙げられるであろう．植物は成長の過程で大気中の CO_2 を吸収しており，その燃焼段階でもちろん CO_2 を発生するが，大気中の CO_2 が，長期的に見れば吸収量と発生量はバランスするので大気中の CO_2 は増加しないという「カーボンニュートラル」の概念から，バイオマスエネルギーは再生可能エネルギーと見なされている．

　バイオマスは火力発電用燃料として化石燃料を広く代替できることから，日本だけでなく世界各国で京都議定書目標達成に向けてバイオマスの利用が進められた．日本では特に森林バイオマスが注目された．日本は国土の 2/3 を森林が占める世界有数の森林国であるにもかかわらず，北欧の森林国に比べバイオ

5.2 バイオマスのエネルギー利用を巡る最近の動き

表5.2 バイオマスを巡る動向

年度 西暦	年度 和暦	国内動向全般	環境関連	再生可能エネルギー	電力自由化
1995	H7				電力卸売事業(IPP)の自由化
1996	H8				
1997	H9		KOP3 京都議定書締結		
1998	H10		地球温暖化対策推進法施行		
1999	H11				
2000	H12		資源循環型社会推進基本法施行		大口需要家に対する電力小売自由化
2001	H13		建設リサイクル法		
2002	H14	バイオマスニッポン総合戦略の閣議決定	食品リサイクル法	新エネ特措法(RPS法)の施行	
2003	H15		京都議定書への批准		
2004	H16				
2005	H17		「京都議定書目標達成計画」閣議決定		低圧を除くすべての電力小売自由化
2006	H18				
2007	H19				
2008	H20		京都議定書第1約束期間 開始		
2009	H21				
2010	H22	東日本大震災福島第1原発事故		「再生可能エネルギー特措法」閣議決定	
2011	H23				
2012	H24		京都議定書第1約束期間 終了	再生可能エネルギー固定価格買取制度施行	
2013	H25	国内全原発停止			「電力システムに関する改革方針」閣議決定
2014	H26				
2015	H27				広域的系統運営機関の発足
2016	H28				電力小売の全面自由化
2017	H29				
2018-2020	H30-32				発送電分離

マスの利用が遅れていたからである．同時期に，環境関連動向として廃棄物の増加懸念から，環境省が資源循環型社会構築を推進し，各種廃棄物のリサイクル法が施行されていった．中でも建設リサイクル法（2012年施行）と食品リサイクル法（2013年施行）はバイオマスエネルギー技術の開発，普及を大いに後押ししたといえよう．

このような環境関連動向だけでなく，電力を中心とするエネルギー行政改革が始まった時期でもある．「電気事業者による新エネルギー等の利用に関する特別措置法」，いわゆる新エネ特措法（RPS法）が2002年（平成14年）6月7日に施行され，電気事業者に対して発電総量に対して一定割合の新エネルギ

第5章 バイオマスエネルギー利用技術

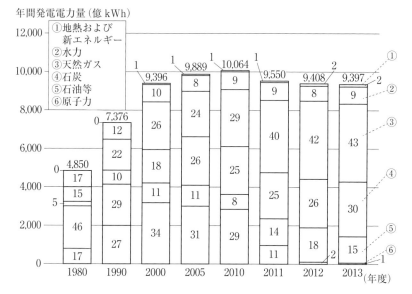

図 5.1 電源別発電電力量の推移
（出展　電気事業連合会：原子力・エネルギー図面集 2015）

，すなわち風力，太陽光，地熱，水力，バイオマスによる発電の導入が義務付けられた．違反事業者に対しては罰則規定も設けられた．それにより発電事業者の新エネルギー発電設備の導入や，新規発電事業者（新電力）による電力会社への新エネルギー電力の卸売が盛んになった．この時期に，それまでに順次改革が進められてきた電気事業法の改正，いわゆる電力自由化も進み個人向けを除くすべての小売事業の自由化が完了した時期でもある．このように環境行政とエネルギー行政が一体となって改革されていった時期であった．バイオマスエネルギー利用技術も国の支援を受けながら飛躍的に進歩した時期であった．

　このようなうねりがある程度飽和しかけた頃，2011年3月11日に東日本大震災が起こり，福島第1原子力発電所で大規模な放射能漏れ事故が起こり，国の原子力政策を見直す動きが始まった．さらに反原発世論が巻き上がり，定期検査に入った原子炉は世論や地元自治体の合意が得らないため再稼動に入るこ

5.2 バイオマスのエネルギー利用を巡る最近の動き

図 5.2 電源別発電電力量の推移
(出展 総合資源エネルギー調査会 省エネルギー・新エネルギー分会新エネルギー小委員会(第1回)資料)

とができず，2013年9月15日関西電力大飯原子力発電所第4号機の定期検査入りに伴い日本国内54基の原発すべてが停止したままという異常な状態が2015年9月まで続いた．今まで約30％電源を担っていた原発の停止に伴い，これまでピークロード電源として電力需要のピーク時のみ使用されていた老朽化した重油火力や，昼間の需要増加時に使用されていたLNGが原発の電源を補完するためベースロード電源としてフル稼働している状況である．その結果国内の電力供給は，需要ピーク時の供給不安，発電コストの上昇，CO_2排出量の増加などの問題を抱えている．(**図5.1**)

この頃，RPS法の後継制度としてすでに検討が始まっていた「電気事業者による再生可能エネルギー電気の調達に関する特別措置法」案が，折しも東日本大震災発生日の2011年3月11日に閣議決定された．そして紆余曲折を経て，民主党の菅政権時代末期の2012年7月1日に再生可能エネルギーの固定価格買取り制度(Feed-in Tariff Law，以下FIT)として本格的な運用が開始された．制度開始以来3年を過ぎたが，**図5.2**に示すように太陽光発電の導入のみが大幅に伸び，まだ稼動していない施設が今後稼動していくと，電力会社の送電容量の増強が追い付かないという当初の目論見以上の制度導入効果とい

ってよいだろう．今年の夏も猛暑日が続き電力不足が心配され輪番停電もささやかれたものの，昨年，一昨年に比べて各電力会社とも需給は安定していた．太陽光発電普及の恩恵と見られている．

　太陽光発電は2015年の価格改定で引き下げが決まったため普及に陰りが見え始めた．しかしすでに認可された施設の稼動が今後も続くので系統安定化対策は引き続き今後の重要課題である．バイオマス発電も現在MW規模の発電所の建設ラッシュとなっており，今後燃料チップの確保や価格高騰が懸念されるほどである．

　福島原発事故以降，エネルギー安全保障の救世主として再生可能エネルギーに期待が集まっている．LNGや石炭と異なり低炭素電源の点から原発を補完する電源として位置付けられよう．一方，電源区分でいうと原発は石炭火力同様に燃料費が安価で年間を通して一定の電力を供給するベースロード電源である．再生可能エネルギーの中でも，太陽光や風力などの変動電源（不安定電源）と異なり，水力，地熱とともにバイオマスは安定電源に分類でき，原発を補完する最有力候補と考えてよいであろう．

　本節の最後に，現在経済産業省で検討が進められている「電力システム改革」について触れておきたい．これは1995年頃から始まった電力自由化の最終仕上げである．電力小売の全面自由化，さらには今年4月に全国の電力会社，新電力を会員とする「電力広域的運営推進機関」（OCCTO）が発足し，全国統一の広域系統運用の検討が始まった．さらにこのシステム改革では「発送電分離」までを視野においている．現在の一般電気事業者10社を発電会社と送電会社に分離し，発電会社は特定電気事業者との自由競争を促す．一方送電会社は統合され，全国規模で需給調整を行い供給の安定化を目指す．これまでも各電力会社間で電力の融通が行われてきたが，それをより積極的に，円滑に行おうとするものである．発送電分離のメリットはさまざまな期待がされている．再生可能エネルギー普及の観点でいえば，不安定電源の代表である風力の変動をより広域で吸収でき平準化しやすくなるといわれている．発電事業は送電会社を切り離した一般電気事業者と特定電気事業者の間で平等な競争が行われ，市場原理による電気料金の低下が期待されている．

　期待の一方で懸念材料もある．たとえば米国のカリフォルニア大停電の根本

原因は電力自由化，発送電分離により送電会社はコスト競争のために維持管理や安定供給のための設備投資を怠ったことによるといわれ，同じようなことが起こらないか懸念する声がある．再生可能エネルギー普及に対しては今後ますます系統安定化のための設備投資が必要になる中で，コスト優先になるあまり日本の誇る電力安定供給の信頼性が崩れるようなことがあってはならない．

再生可能エネルギー普及に伴う電気料金の負担（賦課金）の増加，変動電源の増加に伴う系統安定化コストの需要者負担，原発停止に伴う燃料費増加など我々の負担の増加は避けられない．一足先に脱原発・再エネ普及を決定したドイツのメルケル政権下で同様の問題が顕在化している．これまで私たち国民一人ひとりにとって，どちらかというと遠い存在であったエネルギー・電力問題であったが，福島原発事故，再生可能エネルギー普及，さらに今から始まろうとしている電力自由化は，我々の生活にとって身近な存在になっていくはずである．我々一人ひとりが国の舵取りに目を光らせ，行政に対し物言う国民にならなければいけない．

国内で急増中のバイオマス発電においては，これから燃料の奪い合いが激化し，稼動した発電所の事業継続が危ぶまれている．その結果，新規のバイオマス発電事業の計画を見直し，よりバイオマスの使用量が少なく燃料収集リスクの少ない発電が求められるようになってきた．バイオマス使用量を減らすためには，規模を同じくして発電効率を高めるか，発電規模を下げるかのどちらかである．後者の場合，発電規模縮小に伴い事業性が悪化するので，2015 年 4 月の FIT の買取価格改定で，他の買取価格が引き下げもしくは据置かれる中で，出力 2000 kW 未満でかつ森林の未利用バイオマスに対してのみ，32 円/kWh から 40 円/kWh（いづれも税抜き価格）に引き上げられた．燃料コストが大きな負担となる森林未利用バイオマスではあるが，それでも単なるエネルギー問題だけではなく，森林整備，林業再生，地方創生などの広い視点から普及効果は大きいとの判断からの決定であったと買取価格上乗せを評価したい．

バイオマスエネルギーに関する動向についてはここまでにして，バイオマス発電技術について詳しく述べていきたい．5.2 節では各種バイオマスエネルギー技術を紹介しながら，規模や燃料の種類に合った適正な機種選定の考え方を整理する．

5.3 バイオマスエネルギー回収技術

5.3.1 バイオマスエネルギーの上手な利用方法

バイオマス発電は，買取り価格の最も高い森林の未利用資源（間伐材，林地残材）をバイオマス燃料とした発電所が多い．認定施設がすべて稼動すると日本中の山が禿山になるといわれているほどのスピードで新規の発電所建設が進んでいる．間違いなく FIT 制度の効果でバイオマス発電は広がっている．この流れに水を注すつもりはないが，発電効率を最優先するあまりに，他の再生可能エネルギーと異なるバイオマスエネルギーの特長である熱利用，コージェネ利用がなおざりにされていないだろうかと危惧している．

図 5.3 に示すように化石燃料が台頭する 250 年前までは，動力は風力，水力，家畜であり，熱エネルギーは薪や家畜糞尿が主役であり熱エネルギーの 100％がバイオマスであった．もともとバイオマスは熱エネルギーであった．

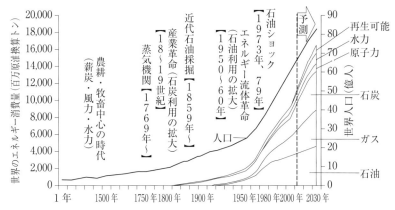

United Nations, "The World at Six Billion"
United Nations, "World Population Prospects 2010 Revision"
Energy Transitions: History, Requirements, Prospects
BP Statistical Review of World Energy June 2012
BP Energy Outlook 2030: January 2013

図 5.3　世界のエネルギー消費量と人口の推移
（出展　資源エネルギー庁ホームページ　http://www.enecho.meti.go.jp/about/whitepaper/2013html/1-1-1.html　第 111-1-1 図）

電気エネルギーとして利用する場合は，発電装置のエネルギー損失が大きいので，大容量化によって高効率化，損失の低減が図られてきた．大容量化を可能にしたものが化石燃料の発見と火力発電装置の大型化技術であった．資源量の点で化石に比べて小容量施設にならざるを得ないので，バイオマス専焼では 30 % を超える発電効率は期待できない．しかしコージェネ利用すれば，バイオマスのもつエネルギーを最大限に活用でき，50 % を超える熱効率も無理なく達成できる．それは小規模施設であっても同様である．バイオマスエネルギーを発電のみで利用することはあまりにもエネルギー損失が大きく，無駄に大量の CO_2 を放出している．カーボンニュートラルとはいえ，これは本末転倒にならないだろうか．2015 年 4 月の FIT 買取価格の改定で，前述のとおり森林未利用バイオマスを燃料としたバイオマス発電のうち 2000 kW 未満の発電に対して買取価格が上乗せとなった，小規模バイオマスの普及促進を支援するものである．この支援策は小規模発電ではなく，バイオマス熱利用の普及に主眼をおいていることを理解するべきである．

2000 年代初頭に導入が加速したバイオマス発電では建設廃材，製材業，木材加工業の廃材が主燃料であった．すなわち燃料バイオマスはマテリアル利用した後の廃材であった．現在は FIT 制度の下に進められている発電事業は，いずれも山から下した丸太から直接燃料チップを生産して燃やすことを推進している訳であるが，これは正しい使い方といえるのであろうか．さらにバークや林地残材などの高含水率のバイオマスやオガ粉などの粉体のものはボイラー効率が下がるという理由でバイオマス発電所から締め出され，行き場所を失っている．FIT 制度導入以前はそれでもチップと混合して焼却目的で利用されていたが，FIT 導入後これらのバイオマスが締め出される傾向がより顕著になっている．著者は FIT の負の遺産のひとつと捉ている．

5.3.2 バイオマスエネルギー回収システムの概要

各種発電装置の発電効率を図 5.4 に示す．最も一般的な発電装置である蒸気タービンは，小容量の装置では極端に発電効率が低下する．したがって蒸気タービンは大規模火力発電向きであり，小規模バイオマス発電には不向きでありコージェネ利用が必須である．小規模で蒸気タービンよりも発電効率の高い発

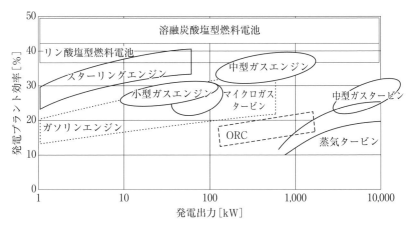

図 5.4 各種発電方式の規模と発電プラント効率の関係

電装置は，すでにさまざまなものが開発，実用化されて，バイオマス発電用に適用されているものもあり 5.3.5 項で紹介したい．

　発電装置を駆動するためには，バイオマスから発電に利用しやすい形態のエネルギーに変換する技術が必要になる．バイオマスからそのようなエネルギーに変換する技術は，大きく「燃焼方式」と「ガス化方式」に分類される．それぞれを 5.3.3 項および 5.3.4 項で概要を説明する．

　「燃焼方式」は，バイオマスを直接燃焼して高温の燃焼ガスを取り出し，その「顕熱」を利用してボイラーで蒸気や温水を取り出したり，直接外燃機関を駆動したりする方式である．蒸気タービンによる汽力発電が最も一般的で，小規模発電の場合は蒸気エンジン，さらには高温排ガスを直接利用したり，比較的低温のサーモオイルを加熱源としたスターリングエンジン，バイナリー発電装置，ORC 発電装置と呼ばれる技術がすでに実用化されている．

　「ガス化方式」は熱分解反応もしくはメタン発酵を利用してバイオマスから可燃性ガスを作り，そのガスの「潜熱」を利用して発電装置を駆動する方式である．さまざまなガスエンジンやガスタービンが開発され実用化されている．以上をまとめると，表 5.3 のように分類できよう．

　直接燃焼方式では，前段にバイオマス燃焼炉を置き，完全燃焼して高温の燃焼排ガスを取り出す．その顕熱を利用して高温・高圧の蒸気，温水さらには熱

表5.3 バイオマスエネルギー変換技術の分類

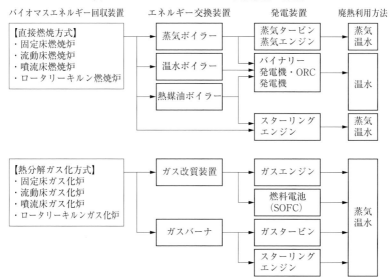

媒油などを製造して発電装置を駆動する．この中でもスターリングエンジンは高温の排ガスの顕熱だけで直接駆動できる優れものである．いずれも発電装置の外部で燃焼するので外燃機関と呼ばれる．

ガス化方式（ここでは熱分解ガス化方式とし，メタン発酵方式は除いている）は，ガス化炉で可燃ガスを製造して，ガス燃料で発電装置を駆動する．ガスエンジンや燃料電池は発電機に供給する前にガス改質のための各種処理が必要であるが，ガスタービンやスターリングエンジンは高温のまま供給できるのでガス改質が不要化または簡素化できる．ガスタービンは装置内部でガス燃料を燃焼するので内燃機関と呼ばれる．スターリングエンジンは前述の直接燃焼方式で用いられるのが一般的なので，前述のとおり外燃機関と呼ばれることが多い．

バイオマス発電・コージェネ設備の要素技術となる燃焼炉，ガス化炉，発電装置について以下にその代表例を紹介する．

5.3.3 バイオマス燃焼技術

バイオマスの燃焼技術を整理する．バイオマス燃焼技術はけっして新しい技

表5.4 各種燃焼方式の特徴比較

燃焼方式及び型式	グレイト(ストーカー、火格子)		バブリング(沸騰)式	流動床 循環式	バイオエネルギー・コンソーシアム 噴流床(浮遊)式 微粉体バーナー式
	円錐回転式	傾斜移動式			
ボイラー概略図 F:木質燃料 A:空気 G:燃焼排ガス	(図)	(図)	(図)	(図)	(図)
燃焼	固体燃料層の隙間を空気が上昇。グレイト上で一次燃焼、上部空間で二次燃焼	固体燃料層の隙間を空気が上昇。グレイト上で一次燃焼、上部空間で二次燃焼	固体燃料及び粒子は浮遊懸濁状態で燃焼	固体燃料及び粒子は浮遊懸濁状態で燃焼	微粉化された固体燃料はバーナーで炉内に吹き込まれ浮遊燃焼
炉内平均流速	低 <1.5m/s	低 <1.5m/s	中 >固体粒子流動化速度 1.5~3m/s	高 >固体粒子定常流動化以外~希薄循環	高 噴流状態 7~10m/s
燃焼温度	850~1,400℃	850~1,400℃	750~950℃	750~950℃	1,200~1,600℃
空気供給	一次、三次	一次、二次、三次	一次、二次	一次、二次	搬送用空気、一次
燃料供給	下込め	側嘴(上込め)	側嘴(中小規模)又は炉底(大規模)	側嘴	搬送バーナー
燃料寸法、形状	種々の寸法、形状のチップ	種々の寸法、形状のチップ	チップ以下	チップ以下	微粉粒子(74ミクロン)
ボイラ含水率	<60w%	<60w%	<60w%	<60w%	<30w%
ボイラ型式	煙管	煙管(小規模)及び水管(中小規模)	水管	水管	水管
適正容量	<10MWth	<10MWth(小規模) 10~100MWth(中小規模)	10~100MWth(中小規模) 100~300MWth(中規模)	10~100MWth(中小規模) 100~300MWth(中規模) 300~1,300MWth(大規模)	1,300~2,200MWth(極大規模)
特徴	長所 ・高水分、低カロリー燃料まで対応可 ・種々の燃料寸法、形状に対応可 ・設備が比較的簡単で建設費が安い ・運転費が比較的安い 短所 ・大型化、燃焼効率、負荷追従性、エミッション等に問題あり	長所 ・高水分、低カロリー燃料まで対応可 ・種々の燃料寸法、形状に対応可 ・設備が比較的簡単で建設費が安い ・運転費が比較的安い 短所 ・大型化、燃焼効率、負荷追従性、エミッション等に問題あり	長所 ・高水分、低カロリー燃料主で対応可 ・ある一定温度までの燃料寸法、形状に対応可 ・燃焼効率が良く、NOX発生が比較的少ない ・大型化が可能で、負荷追従性も良い 短所 ・建設費、運転費が比較的高い ・起動に時間が掛かる ・ばいじん量が比較的多い	循環式の場合、加圧型にすることで複合発電を可能とし、高発電効率とプラントのコンパクト化を達成する技術が実用化されている	長所 ・燃焼効率が良い(低負荷運転でも可) ・大型化が可能で、負荷追従性も良い ・燃焼調整が容易 ・起動停止時間が短い ・混焼が容易 短所 ・運転費が比較的高い ・比較的保守費が掛かる ・ばいじん量が多い
備考	(円錐、傾斜、水平と静止、移動、回転の組合せにより多くの型式が製造されているほか、さらに種々の燃料供給方式との組合せにより多様なシステムとなっている			大型房ラーで実績が多く、信頼性が高く、技術が成熟している。近年高温・高圧化の傾向にある	

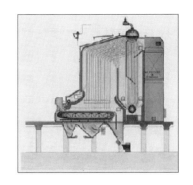 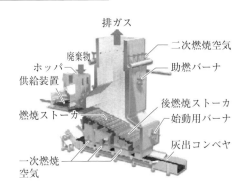

(a) トラベリング方式　　　　　　　(b) 揺動方式

図5.5 ストーカ燃焼ボイラーの構造例
（出展　(a) よしみねサイト　http：//www.yoshimine.co.jp/products/product_h.html,
　　　　(b) タクマサイト　http：//www.takuma.co.jp/product/iw/stoker_iw.html）

術ではなく古くからある固体燃焼技術である．固体燃焼方式に**表5.4**に示すように使い分けるのが一般的である．燃料の性状や形状に対して適正な炉を選定しなければならないが，それ以上に設備規模による方式選定も重要である．

すなわち，表5.4で右にいくほど燃焼炉内のガス流速が高くなっている．つまり燃焼炉の断面熱負荷を高く設計することができるので右にいくほど燃焼炉の断面積を小さくすることができ，大容量向きである．一方で，燃料および燃焼ガスの炉内滞留時間や燃焼炉の容積負荷，ボイラーであれば必要な伝熱面積を確保しなければいけないので，燃焼炉の断面積が小さくなった分燃焼炉の高さを高くしなければならない．

したがって同表に示すような施設規模に対して使い分けがなされ，たとえば大型ボイラーにストーカ炉を採用した場合，断面積が大きくなるだけではなく，火格子の長さ以上に幅方向に大きくする必要があり，燃料を炉幅方向に均等に投入できるかどうかがスケールアップの課題となり，単機容量の限界が出てくる．一方で，小型ボイラーに噴流床方式を適用すると，たとえば煙突のような細長い炉形状となり炉の構造設計の問題や，バーナ火炎が対向壁に接触するといった問題が生ずる．このようなことを考慮し，各ボイラーメーカでは経験で各燃焼方式の対応可能な設備規模を決めている．

バイオマス発電では燃料の量の制約から小規模プラントが多く，そのためス

 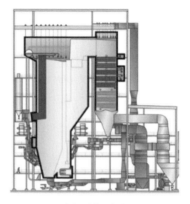

(a) バブリング方式　　　　(b) 循環方式

図 5.6 流動層燃焼ボイラーの構造例

(出展　(a) タクマサイト　http://www.takuma.co.jp/product/boiler/biomass/bubbling.html
(b) フォスターウイラ技術レポート:「Foster Wheeler Advanced Bio CFB Technology for Large Scale Biomass & Peat Firing Power Plants」(March 5-7, 2012, Presented at Russia Power))

トーカ炉が多く採用されている．代表的なストーカ炉には，火格子がベルトになって燃料が燃えながら出口に向かって移動して行くトラベリングストーカ炉（**図 5.5** の (a)）がある．この炉の場合，水分あるいは形状の変動が大きいバイオマスの場合は，水分の急増によって部分的に炉温が低下して局所的に未燃分が増加したり失火に到ることもある．このような燃料に対しては揺動（階段）ストーカ炉（図 5.5 の (b)）が用いられる．燃料水分や形状の変動があっても火格子が前後に動き階段上を転がりながら混合されるので，性状が均一化し局所的な温度低下を抑制できる．ただしトラベリングストーカに比べて建設費，維持管理費の増加は避けられない．

　流動層方式では炉内に高温の流動媒体粒子を保有しているので，燃料性状，形状が突変しても燃焼温度の変化がほとんどない．林地残材，生木のバイオマスに対して有利である．ボイラー蒸発量 100〜150 t/h 以下のボイラーに対してはバブリング式（**図 5.6** の (a)），それ以上のボイラーに対しては循環式（図 5.6 (b)）が適用される事例が多い．

　噴流層（バーナ）方式では大型ボイラー向けでバイオマス使用量からいって

5.3 バイオマスエネルギー回収技術　　　　93

図5.7　バイオマス混焼　微粉炭燃焼ボイラー
(出展　新日鉄住金サイト：http://www.nssmc.com/news/20150219_100.html)

バイオマス専焼は難しく，石炭火力発電所の微粉炭燃焼ボイラーでの石炭混焼事例が多い．バイオマスの受入，前処理装置を追加するだけで，発電端効率40%以上の最新鋭の火力プラントで，石炭と同等の発電効率を達成できる．バイオマス利用の合理的な選択肢である．技術的にはバイオマスは石炭ミルでの粉砕性能が劣るので，ミルの処理能力の限界より一般的に混焼率は1〜3%（入熱ベース）に制限され利用されている．それでも大型ボイラーで利用されるのでバイオマス処理量も大量になる．バイオマスを炭化することによりミル性能を高められるので，木質バイオマスや下水汚泥を炭化する試みもある．後者の事業は，近隣の石炭火力発電所の石炭代替燃料として廃棄物を有効利用する地域ぐるみの取組みとして行われている．このような動きはバイオマスのもつ社会的メリットである（図5.7）．

5.3.4　バイオマスガス化技術

ガス化技術は比較的水分の少ないバイオマスに対しては高温で熱分解反応を，汚泥や生ごみなどの高水分のバイオマスに対しては比較的低い温度でメタン発酵する技術が適用されている．熱分解ガス化方式では600℃以上の高温でエネルギー回収を行うため，水分の多いバイオマスほど蒸発潜熱として奪われるエネルギーが大きいため熱分解ガス化は適さず，メタン発酵方式を採用すべきである．一方，メタン発酵技術では発酵槽のスケールアップや発酵残渣の有

表5.5 各種ガス化炉の特徴比較

(バイオエネルギー・コンソーシアム)

ガス化方式および炉型式	固定床(Fixed-bed)		流動床(Fluidized-bed)		噴流床(Entrained-bed) 微粉体バーナー式 (Pulverised-burner)	ロータリーキルン方式 外熱式 (External heat kiln)
	ダウンドラフト式 (Downdraft)	アップドラフト式 (Updraft)	バブリング式 (Bubbling)	循環式 (Circulating)		
ガス化炉概略図 F：木質バイオマス O：酸化剤(空気,酸素,蒸気) P：発生ガス						
ガス化温度	700～1,200℃	700～900℃	500～800～1,000℃	800～1,000℃	1,000～1,500℃	700～850℃
ガス出口温度	600～800℃	100～300℃	500～700℃	700～900℃	1,000～1,200℃	650～800℃
タール含有量	低い(<0.5g/m³N)	非常に高い(30～150g/m³N)	中(<5g/m³N)	中(<5g/m³N)	非常に低い(<0.1g/m³N)	中(<5g/m³N)
制御性	良	非常に良い	中	中	複雑	非常に良い
運転性	負荷変動、敏感 減量運転ではない	負荷変動、敏感 減量運転 50～100%	負荷変動、敏感 減量運転；30～100%	負荷変動、敏感 減量運転；30～100%	負荷変動、敏感 減量運転；30～100%	負荷変動、鈍感 減量運転；30～100%
原料の条件	制約厳しい(含水率；<25w%, サイズ；20～100mm, 灰分含有量；<6d%)	制約あり(含水率；<60w%, サイズ；5～100mm, 灰分含有量；<25d%)	制約少(含水率；<60w%, サイズ；<20mm, 灰分含有量；<25d%)	制約少(含水率；<60w%, サイズ；<20mm, 灰分含有量；<25d%)	制約厳しい(含水率；<10w%, サイズ；微粉, 灰分含有量；<25d%)	制約少(含水率；<60w%, サイズ；<100mm, 灰分含有量；<25d%)
適正容量	<5MWth	<20MWth	20<MWth<60	>60MWth	>100MWth	<5MWth
備考	・欧米の設置基数の約75%を占める ・変形型にオープンコア式がある	・左記との中間型にクロスフロー式がある		・常圧式のほかに加圧式(IGCC用)がある	・最近では小規模向けの開発がなされている	・50～300kWeの国内実証および商用事例がある

 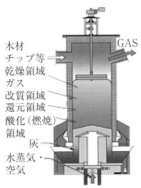

(a) ロータリーキルン方式　　　(b) アップドラフト方式

図5.8　熱分解ガス化炉　構造例

（出展　(a) 中外炉工業サイト http://www.chugai.co.jp/env/11_biomass/01.html
(b) JFE エンジニアリングサイト：http://www.jfe-eng.co.jp/news/2007news_e070629_1.html）

効利用などの観点から大規模施設には向かない．したがって，比較的小規模で高水分バイオマスの処理ニーズがあり，液肥の利用先があるなど条件が揃っていないと事業化は難しい．

熱分解ガス化技術についてさらに説明する．適用されるガス化炉の形式を**表5.5**に整理する．各方式の炉形状や特徴は燃焼炉と同様であるので説明は省略するが，国内事例を見てみると，発電容量 1000 kW 以下の小規模ガス化発電プラントではダウンドラフト炉や，バイオマスの性状や形状の点で適用範囲が比較的広いロータリーキルン（**図5.8**（a））などが主流である．1000～2000 kW 規模においては国内で唯一アップドラフト式のガス化炉が商用運転されている（図5.8の（b））．海外では流動床方式のガス化炉も稼動している．

5.3.5　発電技術

(1)　蒸気タービン

本章ではバイオマス発電，コージェネレーションシステムに適用可能な発電装置について紹介する．発電装置としては蒸気タービンが最も歴史があり，普及の進んだ技術である．現在も相変わらず最も建設件数の多い方式である．

ボイラーで発生した高温高圧蒸気のエネルギーを高速の回転エネルギーに変

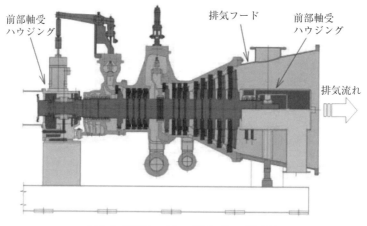

図5.9 蒸気タービン（復水式）の構造例

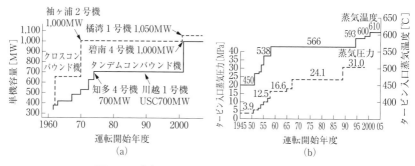

図5.10 蒸気タービン入口蒸気温度・圧力の変遷
（出典 東芝レビュー，Vol. 60, No. 7, p. 59（2005））

換して，発電機で電気エネルギーとして回収する装置である（**図5.9**）．タービン入口蒸気量に対して最も多くの発電量が得られる復水タービン，それとは対象に最も大量の廃熱利用ができる排圧タービン，両者の長所を生かす抽気タービンに分類される．蒸気タービンは**図5.10**（a），（b）に示すとおり大容量化と入口蒸気の高温・高圧化の技術開発によりタービンの内部効率の向上が図られ，現在もなお効率向上の努力がなされている古くて新しい技術である．しかしバイオマス専焼発電では数10MW規模が限界であり，著しい発電効率の向上は期待できない．したがって，バイオマスに適用する場合は廃熱をフル活用してコージェネ利用システムを上手に組み立てることを考えなければならな

5.3 バイオマスエネルギー回収技術   97

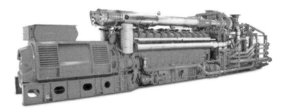

図 5.11 ガスエンジンの構造
（出所　GE サイト：http://www.ge-japan-energy.com/products/type6.html）

い．これについては，5.4 節で具体的な数値を置いて事例検討を行ってみたい．

(2) ガスエンジン

ガスエンジンは燃料ガスを機関内部で爆発燃焼させて，レシプロ式エンジンで発電する内燃機関である（図 5.11）．ガスエンジンも蒸気タービンと同じようにさまざまなメーカから広く販売されている汎用品である．前述のとおりスケールダウンしても熱効率の低下が蒸気タービンに比べて少ないことから，小規模バイオマス発電用として採用されている．ガスエンジンを適用する場合はバイオマスガス化装置が必要となる．エンジンで爆発燃焼させるために常温に近い燃料ガスが必要である．熱分解ガス化の場合は，ガス冷却の段階でガス中のタールが凝縮して設備トラブルに至ることが最大の課題である．タール除去の技術は古くから取り組まれ高温熱分解や触媒技術など各社さまざまな方式が開発されている．

(3) ガスタービン

ガスタービンは天然ガスや都市ガスを燃料とした装置が広く販売されている．ガスタービンはガス燃料を圧縮し高温燃焼し，その熱エネルギーで駆動する（図 5.12）．ガスエンジンと違って定常燃焼させるためにガス燃料を常温近くまで冷却する必要がないので，燃料ガスの前処理での熱損失を低減でき，このようなシステムを採用すると何といってもバイオマスガス化の場合はガス冷却に伴う燃料ガス中のタールの凝縮を回避できるという点が魅力的である．ガスタービンは広く市販されているが，いずれもバイオマス発電規模からみると大容量のものがほとんどである．また，既存の LNG コンバインドサイクル発電所では 60％ の発電効率を達成しているが，ガスタービン単体の熱効率はけっ

第 5 章　バイオマスエネルギー利用技術

図 5.12　ガスタービンの構造例
（出典　川崎重工サイト：http://www.khi.co.jp/knews/backnumber/bn_2011/pdf/news164_03.pdf）

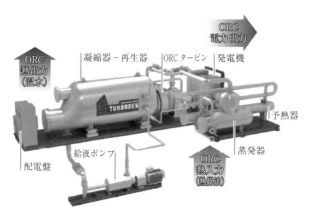

図 5.13　ORC 発電装置の構造例
（出典　三菱重工：有機ランキンサイクル発電カタログ，p. 5）

して高くはなく，高温のガスタービン排気で高温・高圧蒸気を作り，高効率の蒸気タービンと組み合わせることで高効率を維持している．高コストになるのは回避できず，小規模なバイオマス発電には不向きである．国内で実証事業としての実施事例があるが，事業化には至っていない．

(4)　ORC

ORC は有機ランキンサイクル Organic Rankin Cycle 発電の略で，タービンの駆動媒体にシリコン気化蒸気を用いたタービンである（図 5.13）．数千 kW

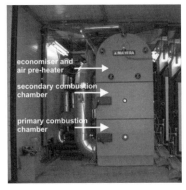 

図 5.14 バイオマス燃焼炉とスターリングエンジン発電装置
（出典 BIOENRGIESYSTEME GmbH サイト：http://www.bios-bioenergy.at/en/electricity-from-biomass/stirling-engine.html）

の発電装置は EU を中心にバイオマス発電用に導入されている．構造やシステムは復水式の蒸気タービンと変わらず，凝縮熱から比較的高温の温水が取り出せる．この容量の蒸気タービンに比べ内部効率が高く，低負荷運転時の効率低下も蒸気タービンに比べて少ない．安定した熱需要が少ない日本では魅力的である．ORC はバイナリー発電装置の一種であるが，その他さまざまなコージェネ用バイナリー装置の販売が始まっている．

(5) スターリングエンジン

スターリングエンジンは，ロバート・スターリング（スコットランド）が1816 年に発明した原動機技術で，温度差で直接エンジンを駆動する．排ガスの顕熱だけで直接駆動できるので，レシプロエンジンのようにエンジン内で燃料を燃焼しないので騒音・振動が少なく，安全性，信頼性，耐久性に優れているといわれ，古くから発電装置としての開発が行われているが，構造の難しさから発電装置の最大テーマのひとつであるスケールアップとコストダウンが難しくいまだ普及に至らない技術である．過去に米国 STM 社の 55kW ユニットやデンマークのスターリングデンマーク社の 30kW など汎用機として販売され，日本にも導入され実証レベルでの取組みが行われた時期があったが本格的な普及には至っていない（図 5.14）．

<次世代燃料電池SOFCハイブリッド発電システム外観>　　<SOFCカートリッジ>

図5.15　SOFC燃料電池発電装置の構造
(出典　三菱重工ホームページ：http://www.mhi.co.jp/news/story/1309205422.html)

(6) 燃焼電池

　燃料電池による発電はこれからの水素社会の到来とともに普及が期待されている技術である．特にSOFCは作動温度が高いので，廃熱利用がやりやすい．すでに一般家庭向けコージェネ装置に普及している．過去にも都市ガスを使ったSOFCとその排気を利用したマイクロガスタービンとを組み合わせた複合発電システム実証試験が実施され，水素社会到来に向けた技術といえよう．発電装置としてスケールアップとコストダウンに向けての今後の取組みが必要である．バイオマスガス化・水素製造技術と組み合わせた燃料電池コージェネ装置は，ゼロエミッション技術として期待される（**図5.15**）．

　これまでバイオマス発電，コージェネシステム用に導入されてきた燃焼炉，ガス化炉，さらに各種発電装置を紹介した．ここでは概要の紹介のみを駆け足で行った．技術の雰囲気だけを感じていただき，興味のきっかけになればとの思いで書かせていただいた．詳細な情報はインターネット情報がメーカサイトから容易に入手できるので，興味をもたれた方はぜひ自分で見てみてほしい．

5.4　バイオマス発電所の設計と導入可能性検討

　最後に，本節ではバイオマスコージェネプラントの設計，評価手法について，蒸気タービンを用いたコージェネプラントを想定して順を追って説明していきたい．

5.4 バイオマス発電所の設計と導入可能性検討

表5.6 ケーススタディ検討条件

I．プロセス検討条件		ケース1	ケース2
1　エネルギー転換装置形式			
燃焼炉		揺動ストーカー	
ボイラー		亜臨界圧ドラムボイラー	
蒸気タービン		抽気復水式	背圧式
2　エネルギー供給条件			
発電機出力	kW	1600	350
送電端出力	kW	1300	150
供給蒸気量	t/h	10	10
供給蒸気圧力	MPaG	1.5	1.5
3　タービン設計条件			
タービン入口蒸気量	t/h	15.0	15.0
タービン入口蒸気圧力	kg/cm^2, abs	56.0	35.0
タービン蒸気温度	℃	450	350
抽気量	t/h	8.0	0
抽気圧力	kg/cm^2, abs	15.0	0
排気量	t/h	5.0	12.0
排気圧力	kg/cm^2, abs	0.108	15.0

II．経済性検討条件		燃焼ケースA	燃焼ケースB
1　燃料種類		森林未利用材	製材バーク
2　FIT売電価格	円/kWh	40.0	17.0
3　購入電気代	円/kWh	15.0	15.0
4　蒸気供給単価		6.50	6.50
蒸気供給熱量	kcal/kg	670	670
重油発熱量	kcal/L	9,293	9,293
重油単価	円/L	80.0	80.0
蒸気の燃料代	円/kg	5.77	5.77
蒸気製造経費	円/kg	0.73	0.73
蒸気製造原価	円/kg	6.50	6.50

　50％水分（ウェットベース）の未利用林地残材または製材工場の代表的な未利用廃材であるバークの2種類のバイオマスを使用するものとして，発電を主とした抽気復水タービンコージェネシステムと，熱利用を主とした背圧タービンコージェネシステムの2ケースを事例に小規模バイオマスコージェネレーシ

ョンプラントを想定し基本設計を行い，プラントの基本仕様を確定する．さらにその結果に基づいて事業採算計算を行う．計算に当たってバイオマス燃料は FIT 買取価格 40 円/kWh 相当の森林未利用バイオマスと，17 円/kWh の製材バーク（一般廃棄物系バイオマス）の2種類としてバイオマス利用事業モデルの比較評価を行う．各ケースの検討条件を**表 5.6**に整理する．タービン入口の蒸発量を 15 t/h でそろえて，コージェネ方式の違いや，エネルギー利用方法の違いを比較検討している．

5.4.1 プロセス選定の考え方

今回想定した2ケースの蒸気タービンプラントのヒートバランス検討条件を**図 5.16**および**図 5.17**に示す．蒸気タービン入口蒸気量を 15 t/h で揃えた．熱利用のための蒸気は 15 気圧として，前者はタービンの抽気を，後者はタービンの排気全量を利用している．

発電量はケース1の方が圧倒的に多く，同図に示すとおり発電効率も比較的高いが，熱利用も含めた総合エネルギー効率は逆転してケース2は約 75% までバイオマスエネルギーを利用できる．

バイオマス燃料が高水分であることから水分変動に強く高い燃焼効率が期待できる流動層燃焼が良いが，今回検討する小規模ボイラーの場合，流動層ボイラーではコスト高となるので費用対効果の観点からストーカ式を選定し，隣地残材や高水分のバークを燃料とするので揺動ストーカが好適であると考える．

ボイラーは，蒸気タービンの効率を高めるためにはできる限りタービン入口の蒸気圧力，蒸気温度を高めることが望ましい．ケース1は一般のボイラー用合金鋼で対応できる範囲内で 5.5 MPaG×450℃級の蒸気条件を採用し，一方ケース2は蒸気条件を 3.5 MPaG×350℃級まで下げコストダウンを図っている．ボイラーの燃料消費量低減のためにタービン蒸気を使った給水加熱器（脱気器）と節炭器を設ける．ケース1は抽気復水タービンを採用し，熱供給に必要な蒸気を途中で抜いた後の残りの蒸気を大気圧まで発電に利用している．ケース2は蒸気タービン入口の蒸気を全量蒸気タービンから取り出して熱供給用蒸気として利用するので蒸気タービンの出力は下がるが，低コストで効果的に熱供給ができるシステムと考えてのプロセス選定をしている．

5.4 バイオマス発電所の設計と導入可能性検討

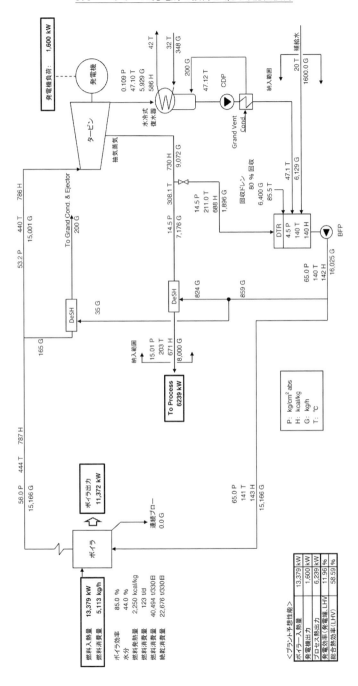

図 5.16 ケース 1：抽気復水タービン コージェネシステムヒートバランス線図

104　第5章　バイオマスエネルギー利用技術

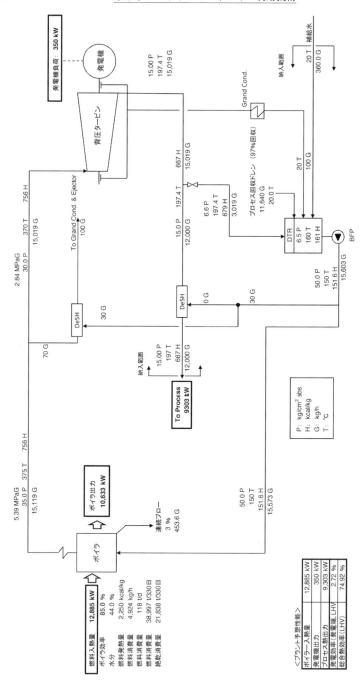

図 5.17　ケース 2：背圧タービン　コージェネシステムヒートバランス線図

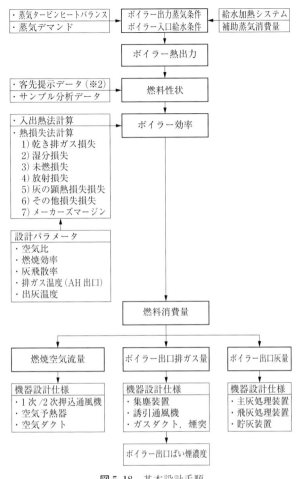

図 5.18　基本設計手順

5.4.2　コージェネプラントの基本設計手順と計算例

前述のヒートバランスに基づくコージェネプラントの基本設計手順を図 5.18 に示す．ヒートバランスより必要なボイラーの出力が決まる．ボイラーの入熱量すなわち燃料消費量はボイラー効率を計算すれば得られる．ボイラー効率の計算方法は JIS「陸用ボイラー熱勘定方式（JIS B 8222)」に詳しく説明されているので参照願いたい．実際にはボイラーの構造などで一律には計算方

表5.7 ボイラー燃料消費量計算例

No.	項目	単位	K3H PFD 30%		計算式
1	燃料性状				
	燃料高位発熱量	kcal/kg, dry	4,788	A	分析結果
	含水率	%, wet	30.0	B	分析結果
	炭素分	%, dry	52.4	C	分析結果
	水素分	%, dry	6.0	D	分析結果
	酸素分	%, dry	38.0	E	分析結果
	窒素分	%, dry	0.3	F	分析結果
	硫黄分	%, dry	0.0	G	分析結果
	灰分	%, dry	3.3	H	分析結果
	元素分析合計	%, dry	100.0	I	=C+D+E+F+G+H
2	燃料計算				
	H_2O	%, wet	30.0	B'	=B
	C	%, wet	36.7	C'	=C*(1-B/100)
	H	%, wet	4.2	D'	=D*(1-B/100)
	O	%, wet	26.6	E'	=E*(1-B/100)
	N	%, wet	0.2	F'	=F*(1-B/100)
	S	%, wet	0.0	G'	=G*(1-B/100)
	Ash	%, wet	2.3	H'	=H*(1-B/100)
	Total	%, wet	100.0	I'	=B'+C'+D'+E'+F'+G'+H'
	高位発熱量	kcal/kg, wet	3,352	A'	=A*(1-B/100)
	低位発熱量	kcal/kg, wet	2,952	A"	=A"−5.9*(9*D'+B')
3	運転条件				
	排ガス酸素濃度(乾きガス量基準)	%, dry	9.3	M	
	空気比	Nm^3/Nm^3	1.79	N	
	燃焼炉出口ガス温度	℃	950.0		
	節炭器出口ガス温度	℃	250.0		
	空気子熱器出口ガス温度	℃	150.0		
	ボトムアッシュ排出温度	℃	950.0		
	フライアッシュ排出温度	℃	150.0		
	燃焼効率	%	99.0	CE	投入熱量(低位)ベース
	灰の飛散率	%	30.0	Af	
	未燃炭素の飛散率	%	90.0	Cf	
4	燃料の燃焼計算				
	未燃カーボン	kg/kg-f	0.0036	UBC	=C*CE/100*A"/8100
	理論空気量	Nm^3/kg-f	3.46	J	=(8.89*C−UBC*100)+26.7*(H−O/8)+3.33*S)/100
	理論乾きガス量	Nm^3/kg-f	3.42	K	=(8.89*C+21.1*(H−O/8)+3.33*S+0.8*N)/100
	ガス中水分量	Nm^3/kg-f	0.84	L	
	空気比	−	1.79	N	=21/(21−M)
	実際乾きガス量	Nm^3/kg-f	6.17	O	

5.4 バイオマス発電所の設計と導入可能性検討

	項目		単位	値	記号	備考
5	ボイラ熱損失計算【低位発熱量ベース】					
	1) 乾きガス損失計算					
		乾きガス比熱	kcal/Nm³℃	0.315	P	=0.315 kcal/Nm³℃, JIS
		乾きガス量	Nm³/kg-f	6.17	Q	=O
		ボイラ出口ガス温度	℃	155	R	データシート No.13（平均値）より
		空気温度（FDF出口）	℃	25	S	データシート No.08（平均値）より
		乾きガス損失	%	8.6	L1	
	2) 燃料中水素分の蒸発熱損失計算					
		燃料中水素分	%	4.2		=D'
		燃料中水素分の蒸発熱損失	%	0.0	L2	低発熱量基準のため計上しない
	3) 燃料中水分の蒸発熱損失計算					
		燃料中水分	%	30.0		=B'
		燃料中水分の蒸発熱損失	%	0.0	L3	低発熱量基準のため計上しない
	4) 空気中湿分					
		空気比	kg/kg-DryAir	0.0100		別途計算による
		理論空気量	Nm³/kg-f	3.46		=J
		乾き燃焼空気量	—	1.79		=N
		空気中湿分の蒸発熱損失	Nm³/kg-f	6.21		=J*N
			%	0.1	L4	
	5) COの発生に伴う熱損失計算					
		排ガス CO濃度	ppm, dry	50		ガス分析結果
		ボイラ排ガス量	Nm³/kg-f	6.168		=Q
		COの発生に伴う熱損失	%	0.0	L5	
	6) 未燃カーボンによる熱損失					
		未燃カーボンによる熱発生量	kg/kg-f	0.0036		別紙計算書による
			%	1.0	L6	
	7) 放射熱損失					
		炉壁からの放射熱損失（高位発熱量基準）	%, HHV	0.8		JIS 8222「陸用蒸気ボイラの熱勘定方式」より
		放射熱損失（低位発熱量基準）	%, LHV	0.9	L7	
	8) 灰の顕熱損失計算					
		ボトムアッシュ排出温度	℃	950	X	データシート No.10（平均値）より
		焼成アッシュ温度	℃	150	Y	データシート No.14（平均値）より
		未燃カーボンの飛散率	—	0.30	V	
		灰の比熱	kcal/kg℃	0.90		JIS 8222「陸用蒸気ボイラの熱勘定方式」より
		未燃カーボンの飛散熱損失	%	0.20	Z	
			%	4.4	L8	
	9) メーカーズマージン					
		メーカーズマージン		1	L9	=L1+L2+L3+L4+L5+L6+L7+L8+L9
		ボイラ熱損失	%	16.0	Lt	ヒートバランスより
		ボイラ効率	%	84.0	Eb	低位ベース
6	燃料消費量					
		ボイラー熱出力	kW	10,279		
		ボイラー効率	%	84.0		低位ベース
		ボイラー入熱料	kW	12,238		
			kcal/h	10,522,958		
		燃料消費量	kg/h	3,565		

法を定義できないところもあるので,各ボイラーメーカが独自のボイラー効率計算方法を定義しており,ユーザ合意のうえでそれを適用する.熱損失法による計算においては図5.18に示す設計パラメータが必要不可欠であるが,これらはメーカノウハウによるところが大きい.特に空気比,燃焼効率はノウハウ中のノウハウである.熱損失の項目7)のメーカのマージンも同様であるが,これらの数値によりその技術に対するメーカの自信度を推し量ることができる.

ボイラー効率が決まれば,ボイラー出力とボイラー効率からボイラーの入熱量,燃料消費量が計算できる.ここまでの計算例を表5.7に示すので参照願いたい.さらにこれより空気・ガス量,主灰・飛灰発生量が計算でき,ボイラーおよび付帯設備の設計仕様を決定していくのだが設計手順の説明はここまでにしたい.

5.4.3 バイオマス事業の経済性評価

基本設計結果に基づきこのコージェネ設備を導入してエネルギー供給事業を実施した場合の経済性を評価してみたい.検討は,FIT売電を前提とした森林未利用材(a)と製材バーク(b)の2ケースと,さらに製材バークにおい

表5.8　経済性計算　条件表

No.	項目	単位	(A)	(B)	(C)
1	発電量	kW	ケース1:1600 kW/ケース2:350 kW		
2	送電量	kW	ケース1:1300 kW/ケース2:100 kW		
3	蒸気送気量	t/h	ケース1:8.0 t/h/ケース2:12 t/h		
4	年間運転時間	hr	8,000	8,000	8,000
5	建設費	億円	ケース1:18億円/ケース2:15億円		
6	公的補助	%	0.0	0.0	33.3
7	電気利用方法	—	FIT	FIT	自家用
8	売電単価	円/kWh	40.0	17.0	15.0
9	売熱単価	円/kg	6.5	6.5	6.5
10	バイオマス代	円/t	10,000	2,000	2,000
11	メンテナンス費	千円/年	建設費の2%		
12	ユーティリティー費	千円/年	ケース1:10,000/ケース2:3,000		
13	灰処理費単価	円/kg	10	10	10
14	人件費	千円/年	50,000	50,000	50,000
15	減価償却費	—	15年償却		
16	固定資産税	—	税率1.4%		

5.4 バイオマス発電所の設計と導入可能性検討

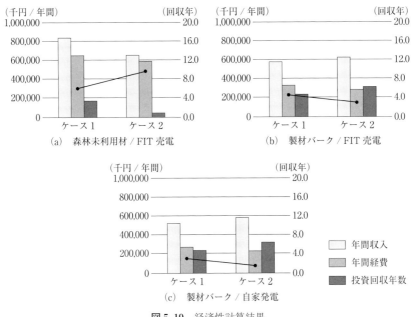

図 5.19 経済性計算結果

ては比較のために電気を売電するのではなく，自家消費し省エネ施設として利用する場合（c）の3ケースを検討する．経済性計算のための諸条件は**表5.8**に示すとおり仮定した．この条件は個別の事業ごとに大きく異なるのでその都度詳細検討が必要である．

抽気復水タービンを使った1600 kW発電のケース1と背圧タービンを使った350 kW発電のケース2に対し，それぞれ上記（a），（b），（c）の条件を加味した計6ケースの年間収支計算結果を**図5.19**に示す．

（a）は森林の未利用バイオマスのケースである．森林未利用材のためにバイオマス燃料代の経費が多く必要であるが，FIT売電することでケース1は年間約2億円の利益が得られ約6年で投資回収できる．（b）の製材バークの場合は，FIT売電単価は低いものの燃料費が森林未利用材の1/5ですむ．この場合，売電収入よりも売熱収入が支配的となるので，ケース2の方が高収益となっている．燃料費低減により，ケース1，ケース2ともに収支は改善され，（a）の場合に比べて年間の利益，投資回収年数ともに改善されている．さらに

(c) の FIT 売電ではなく電気はすべて自家消費するものとした場合は，公的補助金が得られることから減価償却費が下がり，(b) よりもさらに経済性は改善され，特に熱利用主体のケース 2 のコージェネ利用が最も事業性が高いという結果となっている．

　以上を総括すると，森林未利用材によるバイオマスコージェネ事業の場合は積極的に FIT 利用すべきであるが，製材バーク等買取価格が比較的安いバイオマスの場合は熱利用主体のコージェネが有利である．バイオマス購入価格によるが，2000 円/t 程度で調達できるバイオマスと安定した熱利用先が確保できれば熱主体の事業で，しかも自家用発電設備として利用するのが最も事業性に優れるという結果になった．ただし，この結果は計算条件により当然変化するので，個別に詳細評価が必要であることをご理解戴けたかと思う．

5.5 おわりに

　バイオマスのエネルギー利用に関して，ここ 20 年の国内動向を整理した．この 20 年間さまざまな技術開発が行われてきた．実機に適用可能なさまざまなバイオマスエネルギー技術があるので，整理を行った．

　FIT 制度導入後，各地でバイオマス発電所の建設が盛んに行われているが，バイオマス利用設備はこれからより小規模のコージェネ設備が求められており，今年の FIT 買取価格見直しで価格の上乗せも行われた．そこで，蒸気量 15 t/h 規模の蒸気タービンを使った発電を例にバイオマス発電所を計画し，その結果に基づきバイオマス事業の評価を行った．今回の結果では，現状の買取価格では，小規模バイオマス事業にいては製材バークなど低質であるが比較的安価に入手できるバイオマスを積極利用し，熱利用主体のバイオマスコージェネ事業が有利であることがわかった．

　事業性評価結果は諸条件により大きく異なり，バイオマス発電の場合は検討パラメータが多岐にわたるため，検討が非常に面倒であることもバイオマス事業導入の障壁になっていると思われる．しかし，そこがバイオマスの面白いところでもあり，本報がバイオマスに興味をお持ちの方々の今後の一助になればと思う次第である．

6 低品質有機炭素資源とその利用技術

6.1 はじめに

　現社会においてはその利用用途に合わせて，さまざまな燃料が利用されている．燃料は気体，液体，固体に分類されるが，その利用用途や使いやすさは大きく異なっており，エネルギー変換効率やプロセスの効率化，調達の容易さや燃料コスト，さらには環境負荷の観点からプロセスに合わせた燃料が選択されている．

　気体燃料や液体燃料は使いやすさや輸送の観点から固体燃料に比べ優れているものの，産出可能な地域は偏在している．それに対して，石炭等の固体燃料は比較的分散して産出され，低コストであることから，調達面で優れている．そのため，わが国においてはこれら燃料をバランスよく組み合わせて利用してきた．

　しかしながら，わが国における二酸化炭素排出量は2011年に原子力による電力供給が途絶えて以来，急速な増加傾向[1]にあることに加え，アメリカにおけるシェールオイルやシェールガスの増産[2]も相俟って，燃料発熱量当たりの二酸化炭素排出量が多い石炭の利用は敬遠されがちである．

　一方で，近年では地球温暖化問題や資源枯渇，有限な資源の有効利用の観点から，カーボンニュートラルであるバイオマスなどの有機廃棄物が新資源・新エネルギー固体燃料として位置づけられ，マテリアルリサイクルやサーマルリサイクルなどの試みが積極的に行われている．

　バイオマスを含む有機系の廃棄物は石炭よりもさらに広い地域に分散し，小資源国家であるわが国においても身近なエネルギー資源であることから，化石

燃料消費の削減を目的とする廃棄物利用技術の開発が急速に進められている．しかしながら，これら廃棄物は一般的にエネルギー密度が小さいことや一度に得られる量が少なくエネルギー変換装置が小型に限定されること，また廃棄物中に含まれる不純物のためエネルギーへの変換効率が低いことに加えて，有機廃棄物の種類が多岐にわたり，それぞれの廃棄物に合わせた利用技術や利用用途を構築しなければならないことなどがサーマルリサイクルにおける大きな障害となっていた．

ただし，有機廃棄物は人間の営みがある場所において必ず排出されていることから，衛生的かつ適切な処理が必要不可欠であり，また地球環境や省エネだけではなく，エネルギーセキュリティの観点からも今後さらに積極的に利用すべきエネルギー資源でもある．

そこで本章ではバイオマスを含む有機廃棄物など従来の化石燃料に比べてエネルギー密度が低く，また燃焼とは関係ない不純物を多く含む低品質の有機炭素資源の利用技術，特にこれまでエネルギー資源としてまったく見なされてこなかった汚泥等の高含水率有機廃棄物の燃料化技術や利用方法について解説する．

6.2　有機炭素燃料の分類と発生量

6.2.1　有機炭素燃料の有効発熱量

低品位・低品質有機炭素燃料とは，一般的にエネルギー密度が低い廃棄物を原料とする固体燃料全般を示していることが多いが，明確な分類や定義があるわけではない．一般的に低品質燃料は燃焼とは関係のないさまざまな不純物を多く含む燃料を指している場合が多く，一方低品位燃料とは褐炭などに見られるように石炭としての質（炭化度）が低い場合を示すことが多い．そのため，比較的組成の明らかな有機物は低品位有機炭素資源，不純物を多く含む有機物は低品質有機炭素資源として広く定義しておくのが良いと考えられる．

固体有機燃料としては動植物を起源とするバイオマスや使用済みの廃棄プラスチックなどが連想されるが，バイオマスについては2002年の新エネルギー

法において新エネルギー資源として明確に位置づけられ[3]，その利用拡大が推進されている．バイオマスの定義についても厳密な境界線があるわけではなく，エネルギー利用を目的として生産されるエネルギークロップ（農作物）からさまざまな経路を経て排出される廃棄物まで多岐にわたる．そのため新エネルギー資源として位置づけられるバイオマスの中にも汚泥のように含水率が高く，実際には燃料（エネルギー資源）としてまったく利用されてこなかった廃棄物も含まれている．しかしながら，近年の燃焼技術や前処理の向上と省エネルギー化に伴い，従来燃料として利用されなかった廃棄物についてもエネルギー回収が可能となり，固体燃料として利用されるようになってきている．

廃棄物の他にも固体炭素燃料の中には従来化石燃料である石炭もあり，その中には含水率が高く，炭化度の低い褐炭なども含まれている．ただし，上述したように褐炭は低品位炭として定義されていることから[4]，低品位・低品質有機炭素資源とは分けて考えられる場合もある．

低品質な有機炭素燃料の定義は明確ではなく，またその種類も多岐にわたることから，その分類方法もさまざまであり，由来による分類や成分による分類，また使いやすさによる分類や前処理や後処理の有無等により分類されている．廃棄物を燃料として利用する場合には発熱量が1つの大きな指標となるため，図 6.1 に示すような含水率と有効発熱量の関係で分類されることもある[5],[6]．

有効発熱量とは総発熱量から含まれる水分の蒸発潜熱，顕熱，灰分吸熱（顕熱と融解熱）や排煙の顕熱を差し引いた発熱量であり，燃料としての自燃可能限界を示している．図は 1173 K での有効発熱量を示しているが，火炎の状態や温度により数値が若干変わることに注意が必要である．詳細な定義については参考文献[5]を参照していただきたいが，同じ物質でも含水率や灰分割合が高くなればなるほど有効発熱量は小さくなる．また汚泥のように含水率が60%を超える有機廃棄物の有効発熱量はゼロ以下になるため，自燃は不可能であり，燃料としての価値はネガティブ，つまり燃やすためには逆にエネルギーの投入が必要となる．有効発熱量で示したようにエネルギー的な利用価値から見ると水は不純物であり，燃焼前に効率的に取り除くことがエネルギー変換効率を向上させる上できわめて重要となる．

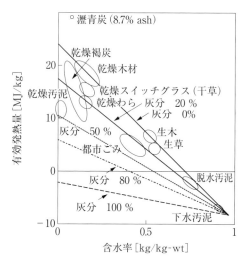

図 6.1 低品質炭素燃料の有効発熱量

　水と同様に燃焼において不必要（エネルギーとして価値がない）なのが灰分であり，廃棄物の種類により含有する灰分割合や成分は大きく異なっている．詳細については後ほど説明を行うが，灰分とは不燃性の鉱物や無機物であり，バイオマス中に含まれる不燃物質や回収時に同伴する土壌，廃プラスチック中の金属もそれに当たる．灰分は発熱量をもたないため，灰分量により有効発熱量は大きく異なり，灰分割合が半分を占めれば，当然のことながら単位重量当たりの有効発熱量も半分となり，しかも灰分吸熱によるエネルギーロスも大きくなってしまう．

6.2.2　有機炭素燃料の組成

　低品質有機炭素資源を水分や灰分などの燃焼と関係ない不純物を多く含む廃棄物として定義しても，その種類は多様であり，その構成成分もきわめて多岐にわたる．有機炭素燃料である以上その基本的な構成は炭化水素であるものの，廃プラスチックや木質バイオマスのようにその構成が明らかな物質もあれば，家庭から排出される一般廃棄物や汚泥のように地域や季節によって性状も構成もまったく異なっている場合もある．一般的な動植物由来のバイオマスの主要成分は，セルロース，ヘミセルロース，リグニン，デンプン，タンパク質

6.2 有機炭素燃料の分類と発生量

表6.1 低品質炭素燃料の工業分析値および発熱量

		含水率 wt%	固定炭素* wt%	揮発分* wt%	灰分* wt%	発熱量* MJ/kg
石炭[7]	–	10.1	63.0	29.6	7.4	29.6
褐炭[7]	–	65.8	42.3	56.4	1.3	22.1
植物系バイオマス[8]	マツ	35	15.4	79.6	0.5	19.4
	イネ	13.1	17.5	68.8	13.7	16.4
畜産廃棄物[9]	牛糞	12.1	17.7	62.8	19.5	–
	牛糞炭	–	29.9	44.6	25.6	–
汚泥[10]	脱水汚泥	81.8	11.3	67.4	21.3	16.9
	炭化物	2.4	30.7	23.3	46.0	9.6
	堆肥	18.8	14.2	45.3	40.5	10.9

*乾燥ベース

とされているが，物質により構成される割合や化学構造も異なっていることから，反応性も大きく異なっていることが知られている[5]．

石炭等の固体燃料を評価するときに多く用いられるのが，工業分析値と元素分析値である．工業分析値は，燃料中の固定炭素，揮発分，灰分，水分の割合を示しており，元素分析値は，燃料中の主要元素である炭素，水素，窒素，酸素およびその他元素の割合を示している．燃料によってはその分析方法が規格化されているものもあるが，すべての廃棄物において分析方法が明確に定義されているわけではないので注意が必要である．

表6.1に示すように一般的に有機固体燃料の水分や灰分割合は石炭に比べて高い．また，固定炭素割合に比べて揮発分割合も高く，揮発分割合は60％を超えるものも多い．上述したように水分や灰分が多くなると単位重量当たりの発熱量は低下するため，燃料としての価値は下がることになる．石炭や褐炭，木質系バイオマスについてはこれまでにも固体燃料として利用されてきたため，工業分析値や元素分析値を論文等で見つけることはそれほど難しいことではなく，廃棄物に比べて性状も比較的類似しているが，脱水汚泥や汚泥堆肥化物はこれまでほとんど燃料として扱われていないことや汚泥性状は地域や季節によって大きく異なることから，分析値の入手は困難であり，文献ごとに値が大きく異なる場合があるので実測が必要不可欠となる．

表6.2 低品質炭素燃料の元素分析値 (d.a.f.)

		C wt%	H wt%	N wt%	S wt%	O wt%
石炭[7]		83.6	4.24	2.03	0.34	9.84
褐炭[7]		44.6	7.7	1.1	0.2	46.4
植物系バイオマス[8]	スギ	51.4	6.1	0.02	0	42.4
		53.4	6.8	2.5	0.5	36.8
畜産廃棄物[9]	牛糞	45.8	6.43	2.2	0.19	45.4
	牛糞炭	49.2	7.8	—	—	17.5
汚泥[10]	脱水汚泥	50.7	8.36	8.52	1.26	31.2
	炭化物	60.2	3.9	8.7	4.3	22.9
	堆肥	45.4	5.7	7.9	2.7	38.3

固体燃料の主組成は表6.2に示すように炭素,水素,酸素であるが,有機炭素燃料はその元素分析値にも特徴が見られ,石炭に比べて一般的に含酸素割合が高い.代表的な植物系バイオマスの成分であるセルロースの組成式は$(C_6H_{10}O_6)_n$で示され,炭素1 molに対して1 molの酸素を含んでいる.酸化反応時に発熱反応を示す炭素や水素等の他に,動植物由来であるバイオマス中には多くの窒素分も含んでいる.窒素は空気中の窒素も含めエネルギー的にはほとんど関与していないものの(窒素の顕熱は除く),燃焼後には環境に悪影響を与えるNO_xを発生することから,排ガス処理においてエネルギーを消費してしまう.

固体燃料の低位発熱量は以下のデュロンの式[11]に見られるように炭素や水素割合が高く,含酸素割合が少ない燃料ほど発熱量が高くなる傾向にあるため,表に示した有機炭素燃料の発熱量は石炭等の従来燃料に比べて大幅に低くなる.この式は石炭の発熱量を計算する式ではあるが,著者らの経験上有機廃棄物燃料の発熱量にも比較的良好な一致を見せ,広範囲の廃棄物の発熱量を概算することができる.(ただし,中には大幅に異なる場合もあるので,実測した方がよい.)

$$H_l = 33.9c + 120(h - o/8) + 92s \,[\mathrm{MJ/kg}] \quad (6.1)$$

ここで,H_lは低位発熱量,cは炭素割合,hは水素割合,oは酸素割合,sは硫黄割合を示している.

先に燃料中には多くの灰分が含まれていることを触れたが，バイオマス中には主に Si，Al，Ti，Fe，Ca，Mg，Na，K，S，P などの元素が含まれている．硫黄の酸化反応は発熱反応であるため，エネルギー的観点から見ると有用物資であるが，一方で燃焼後には環境汚染物質である SO_x に変換されてしまうことから，事前，あるいは燃焼後に排ガスから除去すべき成分の1つである．一般的にこれら灰分は燃焼後に固体として残るため煤塵除去も必要になる．

灰分の種類によっては熱分解反応や燃焼反応，ガス化反応において触媒効果が見られる物質もあるため，これら灰分が燃焼に関与していないわけではないが，一般的にはエネルギー変換プロセスにおいて悪影響を与える場合が多く，たとえばアルカリ金属やリン，塩素，シリコン，カルシウムの割合は灰溶融に大きな影響を与え[12]，燃焼装置内でスラッギングやファウリング等のトラブルを引き起こす可能性がある．現在の燃焼技術を用いればダイオキシンを発生させることなく廃棄物の焼却や熱回収は可能であるものの[13]，塩素は腐食の観点から懸念される成分の1つでもある．近年では廃棄物中に混入する微量成分 Hg，Se，As，Cd，Pb，Sb などの大気中へ拡散も懸念され，これら除去技術に関する研究開発が行われており，特に揮発性の高い Hg の除去に関する多くの研究報告や技術導入が活発になされている[14]（汚泥にはこれら重金属が濃縮しているように思われがちであるが，実際に汚泥の分析を行うとこれら重金属はほとんど入っていない場合の方が多く，含有していたとしても土地由来の重金属が多い）．

このように不純物を多く含む低品質な有機炭素燃料からエネルギー回収を行うためには NO_x や SO_x，重金属，煤塵など環境汚染物質の大気への拡散や溶融トラブルに配慮しなければならない．本章では有機廃棄物の燃料化について解説しているため，灰分利用の詳細については割愛するが，汚泥中には多量のリンが含まれていることから，汚泥からのリン回収に関する開発等も積極的に行われている[15]．

6.3 有機炭素燃料の装置による分類

上述したように低品質有機炭素燃料にはさまざまな不純物が含まれているた

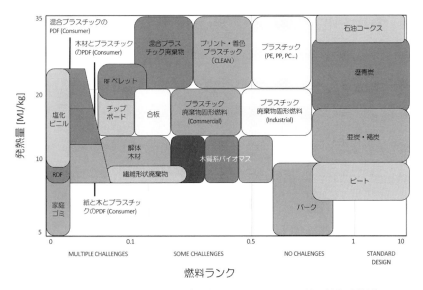

図 6.2　低品質炭素燃料の分類（流動層ボイラーにおける使用性と発熱量）

め，安定的，かつ効率的にエネルギー回収を行うためには装置や設備の工夫が必要となる[16]．わが国においては一般廃棄物の焼却にストーカー炉が多く用いられているが，廃棄物の種類によっては流動層焼却炉やキルン式焼却炉等も開発・利用されている．図 6.2 に示すように Hamalaine は低品質有機炭素燃料を流動層燃焼ボイラーでの使いやすさを尺度として整理している[17]．横軸の Fuel rank は装置・設備開発の難易度を示し，縦軸にそれら燃料の発熱量を示している．この図はあくまで燃料に対する装置的チャレンジの必要性のみを示しているものであり，難易度の指標にエネルギーの変換効率は考慮していないので注意を要する．

　石炭や褐炭はすでに流動層燃焼ボイラーにおいて燃料として利用されていることから，これら化石燃料を使用する装置・設備をスタンダード（開発済み）としている．バークは発熱量が低いものの，既存装置で燃料として利用可能であると評価している（実際には難しい点もあるのだが）のに対して，PVC（ポリ塩化ビニル）は塩素を含むため，発熱量が高くてもボイラー利用においては複数の装置的ハードルを越えなければならない燃料として位置づけてい

る．この表を見ると固体燃料の発熱量がエネルギー回収において大きな問題になっているわけではなく，安定運転を妨げる燃料中の不純物や不純物の多さが装置構造やプロセス設計において大きな障害となっており，いい換えれば有機炭素燃料の利用においては，その性状に合わせて装置やプロセス開発が必要であることを示している．

高カロリーであるプラスチックでも，不純物が混合している（Mixed Plastics）場合にはその利用が比較的困難となり，またさまざまな物質が，さまざまな割合で含まれ，なおかつ発熱量が低いMSW（都市廃棄物）は装置・設備的にはハードルが高い固体燃料資源として分類されている．高含水率有機廃棄物である汚泥の焼却については流動層が広く用いられているがこの表において分類はされていない．

繰り返し述べてきたように，これら廃棄物等を燃料としてクリーンに燃焼させるためには燃焼と関係ない物質や環境汚染物質を除去する前処理が必要であり，また取りきれなかった物質の大気への拡散を防ぐため後処理が必要となる．ただ，低品質有機炭素資源は化石資源のように燃料利用やエネルギー変換に適しているわけではないため，今後の利用促進を図るためにはエネルギーソースとしての価値を有していることを明確にし，さまざまな指標，特に得られる固体燃料の利用先を指標として分類しておく必要がある．

6.4 低品質有機炭素燃料の反応性

上述したとおり，有機炭素燃料は複数の成分から構成され，また構成要素が燃料ごとに異なっていることから，その反応性は大きく異なっている．一般的に固体燃料の燃焼過程は4つに分けることが可能で，図6.3に示すように水分を多く含む低品質有機炭素燃料の燃焼はまず水分の蒸発する乾燥過程，有機炭素の熱分解過程，熱分解ガスの着火・燃焼過程，およびチャーの燃焼過程に分類できる．

燃料中の構成物質により熱分解温度は大きく異なっていることが知られており，木質系バイオマスを例にとると，セルロースは513 K付近でセルロースの直鎖分子が切れて一斉に揮発するのに対して，グルコースと単糖類が縮合し

て長鎖分子であるヘミセルロースは熱分解温度に達する前に413-453 K で軟化が始まる[18]．脂肪族と芳香核で複雑につながった3次元構造を有するリグニンについては473 K 程度で脂肪族の熱分解は始まるが，芳香族部分については縮合・炭化する．このように熱分解による有機物の揮発や炭化は構成要素により大きく異なり，また燃焼装置内の温度や燃料の昇温速度によっても熱分解の速度は異なる[19]．さらに熱分解履歴によりチャーの構造が異なってしまうことから，熱分解挙動はチャーの燃焼速度にも大きな影響を与えている．

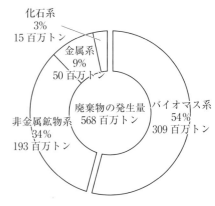

図 6.3　日本における年間の廃棄物発生量

このように固体燃料の燃焼は燃料を構成する物質だけではなく，燃焼条件によっても反応性が異なってしまうことから，燃焼が不安的になり，その燃料に合わせて最適な運転を行わなければ，燃え残りが多くなったり，逆に装置の温度が高くなり過ぎるなどのトラブルが発生することになる．

さまざまな物質で構成される低品質な固体燃料の燃焼においては燃料を構成する物質の揮発分量や固定炭素量の割合を十分に把握した上で燃焼を行うことが必要不可欠であり，含有する不純物だけではなく，熱分解速度やチャーの燃焼速度についても考慮する必要があることから，低品質有機炭素資源の燃料としての利用をさらに難しくしている．

6.5　低品質有機炭素資源量

わが国において燃料専用の農作物はほとんど生産されていないため，低品質有機炭素資源の多くは人の営みより排出される有機体の廃棄物である．図 6.4 に平成 22 年度の廃棄物排出量とその割合を示す[20]．わが国においては家庭等から排出される一般廃棄物と産業等から排出される産業廃棄物に分けられる

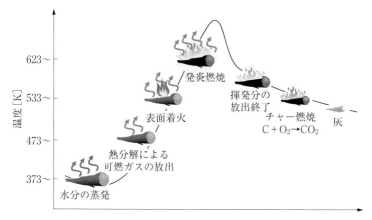

図 6.4　木質系バイオマスの燃焼温度と燃焼状態

が，本図は紙やし尿，汚泥などのバイオマス系，ガラスや陶磁器，コンクリートなどの非金属鉱物系，金属，アルミ，スクラップなどの金属系，およびペットボトルや廃プラスチック，廃油などの化石系に分類している．

廃棄物中で燃料として再生可能なのはバイオマス系および化石系であるが，化石系廃棄物量の 15 百万トンであるのに対してバイオマス系廃棄物の年間排出量は 309 百万トンも排出されており，廃棄物全体の 54％を占めている．バイオマス系の廃棄物の中では汚泥の発生量が最も多く，おおよそ 55％を占めており，その発生量は年間 170 百万トンにも上る．この量はわが国における年間の一般炭使用量，約 100 百万トンを超える莫大な量である．詳細なデータについては報告書[20]に記載されているとおりであるが，バイオマス系廃棄物は焼却による減容化処理や堆肥化等の自然還元処理が行われており，実際に再利用されているのはわずか 17％にとどまっている．汚泥処理における各種データ[21]についても整理されているので参考にされたい．

　図に示したように有機炭素燃料として利用可能な有機廃棄物の賦存量は豊富である．しかしながら，これら廃棄物が発生する地域は広く分散していることや先に述べたように品質が一定でない．そのため，現実はその利用用途は限定されており，利用率も伸びていない．有機炭素資源の再利用，エネルギー利用においては，燃料化する技術ブレークスルーだけではなく，実はその使い方（燃料としての利用先）がきわめて重要となっている．

6.6 低品質有機炭素資源の利用技術

6.6.1 廃棄物利用の動向

　木質系バイオマスやPP（ポリプロピレン），PE（ポリエチレン）廃プラスチックのように不純物が少なく，また比較的性状が安定している廃棄物については直接燃焼やガス化によるエネルギー変換が可能であることから，固定床や流動床，噴流床を利用したエネルギー回収装置がすでに実用化されており，また石炭燃焼装置における混合燃焼用の燃料としても利用されている．一方，汚泥等の含水率がきわめて高い有機廃棄物ついては，これまでは"適切に処理すべき物質"として位置づけられており，莫大なエネルギーを消費して処理が行われてきた．しかし，近年では汚泥処理施設にも省エネと創エネの波が押し寄せており，これら高含水率バイオマスである汚泥についても再利用が求められている．また，汚泥だけではなくこれまで堆肥化による処理が中心であった畜産廃棄物においても固体燃料化の動きが見られ，ペレットやブリケット燃料に関する事例報告がなされている[22]．

　一般的に水分を含め，不純物を多く含む廃棄物の固体燃料化に関しては分離等の前処理が必要不可欠であり，含水率が高い場合には脱水・乾燥，エネルギー密度が低い場合や不純物が多い場合には高密度化や改質が必要となる．特に燃料化の際に乾燥に消費するエネルギーは莫大であり，廃棄物によっては燃料化後の燃料がもつエネルギーよりも多くのエネルギーを前処理に投入しなければならない場合もあり，高含水率廃棄物の固体燃料への変換はエネルギー的に見て非効率である．そのため，汚泥処理施設に限らず，高含水率廃棄物の処理においては従来の処理技術より如何に消費エネルギーを削減可能であるかが開発の焦点となっており，特に含水率の高い汚泥の燃料化においては水の扱い（分離）における省エネ化が大きな課題となっている．

　その解決手法の1つとして高含水率有機物から水を分離することなく可燃ガスを生産可能なメタン発酵処理技術が近年広く利用されている[23]．得られる燃料は気体で，自動的に水との分離が可能であることや固体燃料に比べてエネ

ルギー変換や輸送が容易であることから，比較的大規模な汚泥処理施設においては消化処理を併設する動きが活発になっている．メタン発酵における課題として発酵後にも汚泥処理が必要であることやメタン発酵時には加温が必要なことが指摘されており，処理施設全体におけるエネルギー収支はネガティブであることがほとんどであると考えられるが，従来の焼却処理に比べて大幅なエネルギー削減を実現している．

汚泥のメタン発酵による燃料化は，燃料化に際して水を除去する必要がない点でメリットを有しているものの，処理規模や処理施設の立地条件によってはメタン発酵が適用できない場合もあるため，メタン発酵の他にもさまざまな省エネ処理技術や燃料化技術の取組みが進められている．高含水率の有機廃棄物の燃料化は水との戦いである．そこで有機廃棄物処理における新たな燃料化の取組みや利用方法について以下に紹介する．

6.6.2 有機廃棄物の固体燃料（ペレット・ブリケット）

上述したように廃棄物を原料とする燃料のエネルギー密度は一般的に低く，そのままでは燃料として利用し難いことから，廃棄物等を乾燥，粉砕，成形を行ったペレットやブリケット燃料が製造されている．家庭で捨てられる生ゴミやプラスチックゴミなどの一般廃棄物を固形燃料にしたものを RDF（Refuse Derived Fuel）と呼び，分別した古紙と廃プラスチックを原料とする固体燃料を RPF（Refuse Paper & Plastic Fuel）と呼ぶ．

表 6.3 に RDF と RPF の比較を示しておく[24]．分類上は RPF も RDF のひとつであるが，両者は区別されていることが多い．固体燃料はカロリー調整されていることやペレット化の際に体積が 1/3 から 1/5 程度になることに加えて，輸送性に優れている点でメリットを有している．ただし，RDF は一般廃棄物を主原料とするため，塩素分や重金属，水分，腐敗防止と乾燥，塩素対策のため石灰の混入が避けられず，燃料としての品質管理が難しいことや発熱量は石炭の半分程度であること，乾燥，燃焼，環境に適応させるための設備が長大になるなど，燃料としての利用にはさまざまな課題が残っている．また，燃料化後も有機物の酸化が進行している場合があり，その貯蔵については最大限注意を払う必要がある．

表6.3 RDFとRPFの分類・比較表

	RPF	RDF
収集方法	民間企業の分別排出	自治体による収集
原料	廃プラスチック，紙類	可燃ゴミ
原料の特徴	一般廃棄物に比べ異物の混入は少ない	塵芥，ごみ，不燃物，異物，塩ビ等が混入
含水率 [%]	5% <	20% <
発熱量 [MJ/kg]	24-28	12.5-17.4
サイズ（直径）[mm]	6-50	15-50
灰分 [%]	7% <	20% <
付帯設備	集塵装置	集塵装置 脱臭装置 乾燥機用排ガス処理装置 腐敗防止添加剤供給装置

一方，RPFは分別された産業廃棄物（古紙および廃プラスチック）を原料としているため，異物の混入が少なく，含水率もRDFに比べて低いことから乾燥させることなく比較的高発熱量の燃料を製造できる．また古紙と灰プラスチックの混合割合を変えることで使用者のニーズに合わせて発熱量を調整可能な固体燃料であることから，近年生産量が増大している[25),26)]．一般的に廃棄物の混合は燃料としての使用性を著しく低下させることが多いが，既知の物性を有している廃棄物を適切に混合することにより燃料としての価値を高めている良い例である．

一般廃棄物や産業廃棄物を固形化した燃料に対して，原料に石炭粉とおがくずや稲わら，トウモロコシの芯やさとうきびの搾りかす等の有機廃棄物を10-25%混合し，さらに脱硫のための消石灰を加えて高圧で成形した固体燃料が近年生産されており[22)]，バイオブリケットと呼ばれている．脱硫効果があるため酸性雨対策として有効なだけでなく[27)]，有機廃棄物の処理，石炭使用量の削減などの効果も見込まれていることから，特に途上国における利用が期待されている．

ペレット化，ブリケット化された固体燃料についてはボイラー等の燃焼装置で利用されることが多いが，燃焼装置にはさまざまな排出規制や基準があり，特に他の燃料と混焼する場合においては燃料としての質（基準）を考慮して製

造を行う必要があるため,有機廃棄物であれば固形化燃料として利用が可能なわけではないので注意が必要である.

6.6.3 炭化および半炭化処理

メタン発酵や堆肥化とともに現在汚泥の再生利用の一手法として炭化が行われている[28].炭化の際には脱水が必要であるものの,近年の脱水装置や薬剤の開発により省エネ脱水が可能となってきており,また得られる汚泥炭化物の性状は比較的安定していることやカーボンニュートラなバイオマス資源であることから,微粉炭ボイラーにおいて石炭に数%の割合で混合され,燃料として利用されている[29].すでに汚泥炭化物の利用が一部で進められていることから,汚泥炭化物の燃料性状に関する報告は多く,著者らも炭化条件と汚泥炭化物の発熱量,炭化時の窒素や硫黄の挙動などを明らかにしている[30].

炭化物の発熱量は図 6.5 に示すように処理温度が高くなるとともに有機物の熱分解が進行し,減少する.一般的に炭化過程においては含酸素割合が減少し,炭素割合が増大するため発熱量は増大するものの,揮発分の多い有機廃棄物を原料とする場合には熱分解反応が進めば進むほど,炭化物中の揮発分は失われ,その一方で灰分割合が増大する.揮発分は燃焼することにより乾燥等の

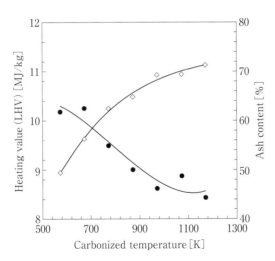

図 6.5 汚泥炭化時の炭化温度が炭化物の発熱量および灰含有割合に与える影響

熱源として利用されるが，その一方で原料汚泥の性状にもよるが30 min，973 Kの処理において約70％が灰分となる場合もあり，単位重量当たりの発熱量は大幅に減少するため，燃料としての魅力は失われてしまうことになる．そのため，汚泥炭化物を燃料とする場合には，炭化物の歩留まり，発熱量，灰分割合，処理プロセスにおける全体のエネルギーバランスを考慮して炭化条件を決定する必要がある．

汚泥炭化物の灰分割合は一般的に高いので，汚泥炭化物単独燃焼でのエネルギー回収においては灰溶融による熱交の灰付着や炉の閉塞等のトラブルに対する対策が必要である．汚泥炭化物が固体燃料として適しているとはいい難いが，上述した石炭燃焼ボイラーにおける利用は，二酸化炭素排出量の削減と汚泥再利用の両立が可能であることから，汚泥炭化物の利用が積極的に進められている例であり，汚泥炭化物は有価で取引されている．

バイオマスのように揮発分が多い廃棄物を熱分解することにより可燃ガスやタールなど燃料としての有用なエネルギーが失われることから，近年では473-573 Kの低温で熱分解を行う半炭化（torrefaction）が注目を集めている．半炭化とは，炭化のように完全に揮発分を飛ばすのではなく，エネルギーとして利用できる揮発分については燃料中に残しておく熱分解操作である．汚泥のように高含水率有機廃棄物への半炭化の直接の適用は熱源確保の点で課題は残るが，木質系バイオマスを原料とする半炭化技術開発につては積極的に進められてきており，欧州においてはすでに大規模石炭ボイラーの混焼燃料として使用されている．半炭化物の性状は，熱分解時の温度や昇温速度，含まれるセルロース，ヘミセルロース，リグニンの割合により大きく異なり，また得られる半炭化物のエネルギー収率を高く維持する必要があるため，原料に合わせたきめ細やかな熱操作が要求されている[31]．

6.6.4 生物発酵処理

高含水率バイオマスを原料とする場合には，生物発酵による処理が一般的であり，エネルギー的に優位性があることはすでに述べたとおりである．生物処理は乾燥のために外部から投入するエネルギーが必要ない点できわめて魅力的なプロセスであるため，これら生物発酵を既存の燃料化プロセスに複合的に組

6.6 低品質有機炭素資源の利用技術

み合わせることにより省エネを実現する試みが行われている.

上述したメタン発酵と対局をなす生物発酵法に堆肥化がある．汚泥の堆肥化は有機物分解を伴う好気性発酵で，分解時には熱が発生することから，含水率80％程度の脱水汚泥はエネルギーの投入なしで燃焼可能な40％弱まで乾燥が可能となる．そのため堆肥化処理が汚泥燃料製造における乾燥過程に取り入れられている．しかしながら，生物による有機分の分解反応がきわめて遅く，堆肥化による乾燥には30-40日の期間を要してしまうことが大きな課題であった．そこで著者らは堆肥化乾燥速度を向上させるため，図6.6に示すような汚泥の堆肥化乾燥と半炭化を組み合わせたプロセスを構築している[32]．

このプロセスでは堆肥化乾燥後の汚泥堆肥化物を673 K程度で半炭化し，炭化時に発生する熱分解ガスを燃焼することで，乾燥に必要なエネルギーを賄っている．堆肥化物の含水率は40％以下であるため，熱分解時に補助燃料を加えることなく半炭化物が製造できる．また汚泥は熱分解条件をコントロールすることで堆肥化乾燥時の発酵促進剤や排ガス用の吸収剤として利用することもできる．実際，汚泥炭化物を脱水汚泥に添加することで堆肥化速度が大幅に

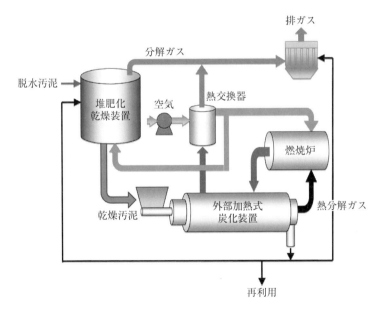

図6.6 汚泥の堆肥化発酵と半炭化を組み合わせた新しい汚泥処理プロセス

促進可能であることも明らかとなっており[33]，わずか6日程度で堆肥化による乾燥が完了する．最近では半炭化と組み合わせて炭化燃料を製造するのではなく，汚泥堆肥化物を燃料として直接利用しようとする試みも行われている[34]．表6.1に示したように堆肥化物の発熱量が約 11 MJ/kg あるため，燃料としての利用は可能ではあるものの，炭化物と同様に汚泥を起源とする燃料には灰分割合が多いので，その利用プロセスにはアイデアと工夫が必要となる．

有機廃棄物の燃料としての利用ではないが，堆肥化の際には発酵熱が生じることはすでに述べたとおりである．この発酵熱を乾燥に利用するのが堆肥化乾燥であるのに対して，発酵熱をそのまま熱利用する試みも近年行われるようになってきている．一般的に発酵層中心部の温度は 323-343 K であるが，中には 353 K 以上の高温で長時間維持可能な発酵菌もあり，その熱を牛舎やビニールハウス等の熱源として利用する試みも行われている[35]．

6.6.5 水熱処理

高含水率の廃棄物を燃料化する際には水という不純物を効率的に除去する必要があるが，細胞壁内に多くの水を包蔵する動植物由来のバイオマスから物理的に水を除去するのは困難であり，細胞壁を破壊しない限り物理的脱水には限界がある．また実際に水を蒸発させるためには，顕熱の他にも水の蒸発に要する潜熱も必要となり，乾燥に消費するエネルギーは莫大となる．このような課題を解決するため，水熱反応を利用した汚泥処理が進められ，現在では長崎東部下水処理施設において実用プラントも稼働している[36]．

水熱処理とは図6.7の状態図に示す亜臨界領域で汚泥を処理するプロセスで，図6.8に示すような圧力容器を用いて水を含んだ状態で汚泥の加熱を行う．図は説明のため回分式反応器の概略図を示しているが，連続装置の開発も行われている．水熱処理は圧力容器内で処理を行っているため，水は蒸発することなく液体として存在しており，汚泥と水の温度を上げるための顕熱のみで汚泥の処理ができる点でエネルギー的なメリットを有している．また，亜臨界領域では水のイオン積は増大することから，薬剤投入することなく汚泥中の有機物は加水分解され，水溶液中に溶解する点でも利点を有している．さらに，443-453 K の温度領域においては細胞壁も破壊され，細胞壁を含む有機物の分

6.6 低品質有機炭素資源の利用技術

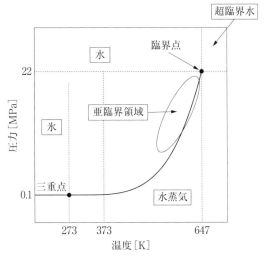

図 6.7 水の状態図

解が促進することも知られている[37].
水熱処理条件においては有機物の加水分解反応だけではなく,有機物の脱水縮合反応が競合的に起こっているため,水熱処理後には有機分が分解した多量の酸を含む水溶液とともに水熱処理固体残渣が得られることになる[38].

このような水熱反応の特徴を利用して著者らは図 6.9 に示すような汚泥処理プロセスを考案している.有機物の加水分解により得られた酸を含む水溶液について

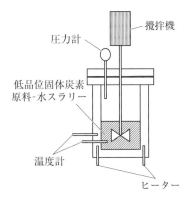

図 6.8 水熱処理装置の概略図
(回分式反応装置)

ては高速メタン発酵を行い,水熱処理残渣については固形燃料,メタン発酵中に生成されるアンモニアの吸着剤[39],あるいは肥料として利用ができる.また,水熱処理後のスラリーの脱水は未処理汚泥に比べて容易であることから[40],汚泥の脱水処理においても省エネルギーが実現可能となっている.水熱処理技術は汚泥処理プロセスだけではなく,生ごみ処理での利用も検討され

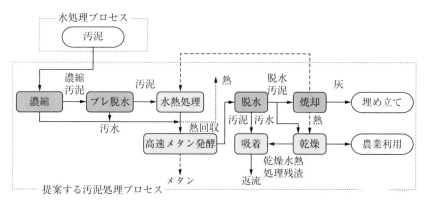

図 6.9　水熱処理技術を適用した新しい汚泥処理プロセス

ており[41]，また燃料化の分野においては褐炭の改質処理プロセスにも利用されている[42]．

水熱処理後に得られる固体残渣は燃料としての利用が考えられるが，その組成は水熱処理条件により大きく変化している．図 6.10 に示すコールバンドとともに，水熱処理温度と水熱処理残渣の組成を示す．ここでの組成割合は灰分を除いているので注意を要する．処理残差の組成は水熱処理温度が高くなるとともに，脱水ラインに沿って炭素に対する酸素割合（O/C）および炭素に対する水素割合（H/C）が減少する．これは汚泥の水熱処理だけで見られる傾向ではなく，木質系バイオマス等の有機系廃棄物の水熱処理においても同様であり，573 K 程度の水熱処理により廃棄物中の有機物は褐炭とほぼ同様の組成になる[43]．先に示した炭化処理においても主反応は脱水で，973 K の高温で炭化処理を行えば無煙炭と同等の組成割合となり，エネルギー密度を高くすることも可能である．

汚泥の水熱処理においては得られる固体残渣（灰分除く）の発熱量は処理温度が高くなるとともに含酸素割合が減少するため増大する傾向はあるが，水熱に要するエネルギーも増大する．そのため上述した高速メタン発酵プロセスをエネルギー的に成立させるためには 453 K 程度での処理が限界である．ただし，453 K における水熱処理固体残差の発熱量は 16-19 MJ/kg であることから，燃料としての利用も可能である．水熱処理残差は固体残渣中に揮発成分が

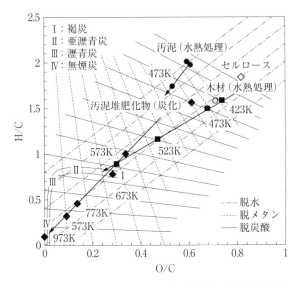

図 6.10 汚泥・木質系バイオマスを原料とする水熱処理残渣の組成と水熱処理温度の関係

多く残っているため汚泥炭化物ほど高い灰分割合ではないが，灰分は固体残渣側に蓄積していることから，燃料として利用する場合には燃焼装置や燃焼プロセスの工夫が必要となる．

6.7 おわりに

本章では低品質有機炭素燃料の分類方法について説明するとともに，固体燃料化が試みられつつある有機廃棄物の燃料化技術について紹介を行った．近年の技術革新により低品質有機炭素資源を原料とする燃料化が進められているものの，含まれる不純物の割合が多いことや燃焼時の反応制御が難しいことから燃料としての利用は思うように進んでいない．有用なエネルギー資源であっても混ぜることによりその価値を落とすことから，できるだけ分別や分離を行うことにより，資源のエネルギー的価値を上げるとともに，燃料利用における選択肢を拡大していく必要がある．今後，低品質な有機炭素燃料を活発に利用していくためには，これまでのように燃焼装置，乾燥装置，改質装置等のハード

面の工夫と効率化だけではなく,実際には利用の方法(ソフト)の構築と拡充がきわめて重要であり,低品質有機炭素資源の燃料としての利用を行う場合には,まずその利用方法を明確にした上で処理技術を構築しなければ,廃棄物を原料として結局使えない燃料(廃棄物)作ってしまうことになるため,廃棄物(有機炭素資源)の燃料化の際には燃焼装置や燃料としての利用先に加えて,社会的状況にも十分に配慮する必要がある.

[参考文献]

1) National Greenhouse Gas Inventory Report of Japan (NIR), 2014
2) 半澤彰:石油エネルギー技術センター平成25年度技術開発・調査事業成果発表報告会要旨, 2013
3) 新エネルギー利用等の促進に関する特別措置法, http://law.e-gov.go.jp/htmldata/H09/H09HO037.html
4) 吉田尚:これからの石炭化学工業,技報堂出版,1977
5) 日本エネルギー学会:バイオマスハンドブック,2002
6) 佐野寛:高温学会誌,33, 3-8, 2007
7) 牧野尚夫:電中研レビュー,46, 2002
8) バイオマスグループ:林産試験場年報,49, 2012
9) 凌祥之:畜産環境整備機構,第2回家畜排せつ物を中心とした燃焼・炭化技術研究会・資料204, 2002
10) 須網暁,小林信介,浜辺久,澤井正和,板谷義紀:日本機械学会論文集,81, 2015
11) 化学工学会:化学工学便覧,丸善,1988
12) Ninomiya, Y., Sato, A.: Energy Conversion and Management, 38, 1405-1412, 1997
13) Hiraoka, M., Takeda, N., Sakai, S., Kaneda, A., Ohga, S., Segawa, M., Tejima, H., Nishigaki, M., Hyata, Y.: J. Jpn. Soc. Waste Management, 3, 26-35, 1992
14) Takaoka, M., Takeda, N.: J. Jpn. Soc. Waste Management, 10, 341-350, 1999
15) 萩野隆生,平島剛:環境資源工学,52, 172-182, 2005
16) Khan, A. A., Jong, W. D.: Jansens, P. J., Spliethoff,H, Fuel Processing Technology, 90, 21-50, 2009
17) Hamalainen, J.: Fluidized Bed Combustion in Praxis, International Slovak Biomass Forum, Bratislava, 2004

参 考 文 献

18) 栗山旭：木材, 16, 772-776, 1967
19) 安部房子：林業試験場研究報告, 298, 1977
20) 環境省大臣官房廃棄物・リサイクル対策部, 平成 24 年度廃棄物の広域移動対策検討調査及び廃棄物等の循環利用量実態調査報告書, 2013
21) 日本下水道協会ホームページ, http://www.jswa.jp/data-room/data.html#article4
22) Wnag, Q., Sakamoto, T., Maruyama, T., Mizuguchi, T., Kamide, M., Luo, R., Arai, T., Hatakeyama, S.：Global Environ. Res., 4, 95-102, 2000
23) 李玉友：メタン発酵技術の概要とその応用展望, JEFMA, 53, 4-18, 2005
24) 日本 RPF 工業会ホームページ, http://www.jrpf.gr.jp/
25) 渡辺洋一：日本エネルギー学会誌, 89, 498-507, 2010
26) 関勝四郎：日本エネルギー学会誌, 90, 637-642, 2011
27) 山田公子, 王青躍, 坂本和彦：大気環境学会誌, 43, 264-272, 2008
28) 廃棄物の炭化処理と有効利用, NTS, 2001
29) 古賀洋一, 遠藤雄樹, 大貫博, 加倉田一晃, 甘利猛, 小瀬公利：三菱重工技報, 44, 43-46, 2007
30) Suami, A., H. Hamabe, M. Sawai, N. Kobayashi, Y. Itaya：Proceeding of The 12th Japan-China Symposium on Coal and C1 Chemistry, 2013
31) 佐野寛, 本庄孝子：高温学会誌, 37, 31-35, 2011
32) Itaya, Y., Kobayashi, N., Li, L., Suami, A., Sawai, M., Hamabe, H.,：Drying Technology, 33, 1029-1038, 2015
33) 小林信介, 浜久, 李延亮, 板谷義紀, 上野薫, 二宮善彦：下水汚泥の堆肥化乾燥における汚泥炭化物混合の影響, 化学工学論文集, 40, 1-6, 2014
34) 国内初の堆肥燃焼型バイマス発電所完成, 十勝毎日新聞ニュース, 7月25日, 2014
35) 畜産環境整備機構, 堆肥発酵熱の回収・利用技術の実例集, 平成 25 年 3 月, 2013
36) 篠原信之, 多田羅昌浩：産業機械, 746, 56-60, 2012
37) 大村友章, 鵜飼展行, 堀添浩司, 佐藤淳, 植田良平, 堀添浩俊：三菱重工技報, 41, 220-223, 2004
38) 小林信介, 中山賢人, 橘諭士, 田邊靖博, 板谷義紀：化学工学論文集, 41, 55-61, 2015

39) 水野翔太, 小林信介, 板谷義紀：第 25 回廃棄物資源循環学会研究発表会要旨集, 2014
40) Kobayashi, N., Tachibana, S., Nomura, S., Tanabe, Y., Fujimura, Y., Tsuboi, H., Kimoto., T., Itaya, Y.：Journal of Japan Institute of Energy, 94, 119-126, 2014
41) Yoshida, H., Tokumoto, H., Ishii, K., Ishii, R.：Bioresour. Technol., 100, 2933-2939, 2009
42) 森本正人, 中川浩司, 三浦孝一：日本エネルギー学会大会講演要旨集, 22-23, 2005
43) Kobayashi, N., Hirakawa, A., Okada, N., Kobyashi, J., Hatano, S., Itaya, Y., Mori., S.：Ind. Eng. Chem. Res., 48, 373-379, 2009

7 ヒートポンプ技術の現状と今後

7.1 はじめに

　地球温暖化をはじめとする地球規模のエネルギー・環境問題に対処しうる技術のひとつとして「ヒートポンプ技術」が注目を集めている．ヒートポンプはポンプで水を汲み上げるかの如く熱の汲み上げを行う技術であり，そのエネルギー効率の高さからエネルギー消費量の削減に対して多大な貢献が期待されている．従来，ヒートポンプの適用範囲は空調・冷凍分野が中心であったが，2001年のCO_2冷媒ヒートポンプ（エコキュート）の登場以来，給湯器としても急速に普及が進みつつある．さらに現在，冷却・加熱容量の増大や動作可能温度域の拡大などの研究開発も精力的に進められており，将来的にヒートポンプの重要性はますます高くなるものと推測される．本章ではこのヒートポンプ技術についての社会的ニーズ，作動原理，現状および今後について概説する．

7.2 ヒートポンプの概要

7.2.1 ヒートポンプの分類

　ヒートポンプの分類を**表7.1**に示す．本表は駆動源，利用用途，利用する現象で分類している．ヒートポンプは駆動源により大きく電気駆動式と熱駆動式に分類される．また，その利用用途に応じて温熱，冷熱生成に大別されるが，より詳細には給湯，暖房，加熱，乾燥，冷凍・冷蔵，空調などの多岐にわたる用途に利用されている．

表7.1 ヒートポンプの分類

	駆動源	用途	利用現象
ヒートポンプ	電気式	温熱生成 冷熱生成	蒸気圧縮式 蒸気圧縮式
	熱式	温熱生成 冷熱生成	吸収，吸着，化学反応 吸収，吸着，化学反応

　電気駆動式は基本的に冷媒の相変化（気相⇔液相．ただしCO_2冷媒の場合は超臨界状態）を利用した蒸気圧縮式ヒートポンプであり，用途に適した物性をもつ冷媒が用いられている．なお，化石燃料であるガスを用いるガスエンジン駆動ヒートポンプはガスエンジンにより圧縮機を駆動させるシステムであるが，駆動源以外は電気駆動の蒸気圧縮式ヒートポンプと同じである．

　一方の熱駆動式には，LiBr や NH_3 による水蒸気吸収現象を利用した吸収式ヒートポンプ，シリカゲルやゼオライトの蒸気吸・脱着を利用した吸着式ヒートポンプ，反応物質と作動媒体の化学反応を利用した化学反応式ヒートポンプなどがある．

7.2.2　ヒートポンプ技術に対する社会的ニーズ

　2013年度，日本の産業部門におけるエネルギー消費は1973年度に比べてほぼ横ばいの0.9倍であるのに対して，民生部門および運輸部門の伸びが著しい．具体的には民生部門内の家庭部門が2.0倍，業務他部門が2.5倍，さらに運輸部門が1.8倍となっている[1]．2013年度の民生部門における家庭および業務他部門の用途別エネルギー消費量を**図7.1**に示す．本図より，家庭部門では全エネルギー消費量のうちの約54％を，業務他部門では約47％を冷暖房・給湯需要が占めている．さらに，これら暖房・給湯需要をエネルギー源別に見てみると家庭部門，業務他部門いずれも84～90％（2013年度）が化石燃料であり[2]，エネルギー資源・地球温暖化問題の両観点から，民生部門のエネルギー消費量の削減が強く求められている．ヒートポンプは，20世紀は空調用の冷暖房，21世紀はさらに給湯用の温熱を高効率に提供する技術となりつつあることから，これら空調・冷凍，給湯分野における従来技術の代替として，ヒートポンプ技術の民生分野における社会的ニーズがある．

7.2 ヒートポンプの概要

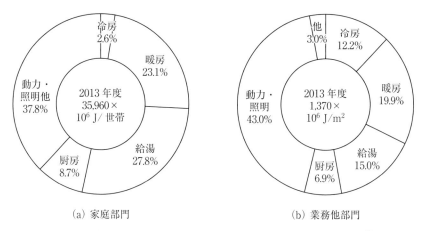

図7.1　家庭部門および業務他部門における用途別エネルギー消費量[1]

さらに40年間にわたりエネルギー消費量を堅持し，「乾いた雑巾」ともいわれる産業分野においても，ヒートポンプ技術の導入拡大による省エネルギー化の実現が期待されている．産業分野においても民生分野と同様に空調用途の需要があり，この需要に対しては従来からヒートポンプが利用されてきた．さらに近年では，洗浄，乾燥，低温加熱，給湯などのプロセス加熱の需要に対するヒートポンプの展開が注目されている．従来，これらの加熱で必要とされる熱はボイラーからの蒸気や熱風により提供されてきた．しかし，CO_2冷媒ヒートポンプによる温熱生成が可能になった結果，製品の洗浄や加温，蒸気を必要としない乾燥工程などでヒートポンプによる代替が進められようとしつつある．このためには，加熱容量の大きなヒートポンプの実用化などの技術進展が必須であるが，現在，精力的に研究開発が進められている状況にある．

民生，産業分野へのヒートポンプの導入効果について，やや古いデータであるが2007年にヒートポンプ・蓄熱センターが試算を行っている[3]．具体的には，家庭部門ではヒートポンプエアコンの暖房利用の促進とエコキュートの普及を，業務部門では業務用エコキュートの普及，高効率空調ヒートポンプの普及を想定している．さらに産業分野においては加温（発酵醸造などの低温加熱および給湯・洗浄），100℃未満の乾燥，工場空調の3用途についてヒートポンプの導入を想定し，一次エネルギー消費およびCO_2排出の削減量を試算して

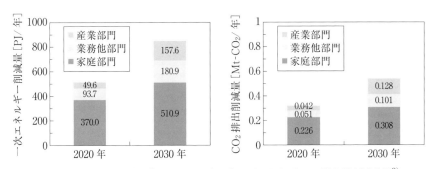

図7.2 ヒートポンプの導入による一次エネルギーおよびCO_2排出量削減効果[3]

いる.図7.2に試算結果を示す.本図より,いずれの指標においても家庭部門への導入効果が最も大きいが,2030年では業務他部門ならびに産業部門の量的寄与が増していることがわかる.

なお,政府は2030年における温暖化ガスの排出量を2013年度比26%削減,エネルギー起源のCO_2については2013年度比(12億3,500万t-CO_2)25%削減の水準(約9億2,700万t-CO_2)にすることを発表した.ヒートポンプ・蓄熱センターによる試算値の合計は,この削減量(3億800万t-CO_2)の17%を占めるものであり,ヒートポンプ技術が将来にわたりきわめて重要な省エネルギー技術になりうることがわかる.

7.2.3 ヒートポンプの効率

7.1節でヒートポンプは高効率なエネルギー機器と述べたが,ヒートポンプの効率は次式で定義される成績係数:COP(Coefficient Of Performance)により,古くから評価がなされてきた.

$$\mathrm{COP} = \frac{入力エネルギー}{消費エネルギー} \tag{7.1}$$

たとえば,エアコンのCOPは定格点における能力[W]をそのときの消費電力[W]で除することにより計算される.このように電気駆動式ヒートポンプでは式(7.1)の分母として圧縮機駆動のために投入された電力が用いられるが,一方の熱駆動式ヒートポンプでは投入された熱入力と,質の異なるエネルギーが用いられている点に留意が必要である.また,熱駆動式ヒートポンプ

7.2 ヒートポンプの概要

では投入エネルギーや出力の考慮範囲についても，たとえば投入エネルギーとして熱交換媒体の搬送動力を加味するか否かなど，研究者により異なる場合があるため，COPを比較する際には，その定義を統一しなくてはならない．以上のように，電気駆動式と熱駆動式のCOP，あるいは定義が異なるCOPを単純比較することはできないが，定義が不明瞭のまま数値のみを比較して技術の優劣を論じている場合も散見されるため，正しい理解が必要である．

ここで，電気駆動式と熱駆動式を直接比較する方法の1つとして，式(7.1)の分母を一次エネルギー基準に換算する方法がある．具体的には電気駆動式ヒートポンプのCOPに発電効率を乗ずる（＝投入電力を発電効率で除する）ことで電力基準のCOPを一次エネルギー基準に換算することができる．たとえば，エコキュートのCOPを約4とし，これに日本の火力発電所の受電端発電効率である36.9%[4]を乗ずると，一次エネルギー換算のCOPとして1.48が得られる．これに対して，エコキュートの競合技術であるガス燃焼方式の潜熱回収給湯器のCOPは0.95である．電力基準，一次エネルギー基準いずれのCOPにおいてもエコキュートに優位性があることは確かであるが，一次エネルギー換算ではガス燃焼方式との差は小さく感じられる．

従来，ヒートポンプの性能指標としては前述のCOPが用いられてきた．しかし，インバータを搭載した能力可変型ルームエアコンの普及に伴い，定格条件だけでの評価が不十分となった．そこで，2006年9月の省エネルギー法の改正にあたり，新たな指標としてAPF（Annual Performance Factor）が導入された．APFは通年エネルギー消費効率とも呼ばれ，1年間で必要な冷暖房負荷をエアコンで賄ったとした場合に，エアコンが消費する電力量（期間消費電力）で除した値として次式で定義される．

$$\text{APF} = \frac{\text{冷房期間総合負荷} + \text{暖房期間総合負荷}}{\text{冷房期間消費電力量} + \text{暖房期間消費電力量}} \quad (7.2)$$

図7.3にヒートポンプの効率の一例として家庭用エアコンのCOPおよびAPFの経年推移を示す[5,6]．なお，省エネルギー法改正前の2005年までは定格条件における冷房COPと暖房COPの算術平均値である冷暖平均COPを示している．1999年のトップランナー方式の導入効果もあり，家庭用エアコンの効率は年々向上しており，2014年時点でAPF＝6.3を達成している．しか

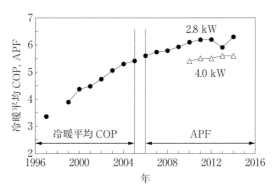

図 7.3　家庭用エアコンの効率の経年推移[5,6]

し，エアコンの効率は 7～8 が限界ともいわれており，さらなる効率向上に向けては大きな技術的ハードルが存在すると考えられる．

　以上，ヒートポンプ技術全般について概説してきたが，これ以降，21 世紀における省エネルギーに貢献することが特に期待される CO_2 冷媒ヒートポンプならびに熱駆動式ヒートポンプに焦点を当て，その動作原理から現状，今後について詳説する．

7.3　CO_2 冷媒ヒートポンプ

　20 世紀の蒸気圧縮式ヒートポンプはフロンあるいは代替フロンを冷媒として空調分野の冷房需要を主に担い，冷暖房用システムにより暖房需要の一部を賄っていた．21 世紀に入り，2001 年に電力中央研究所，東京電力，デンソーの 3 社により，二酸化炭素を冷媒とする温熱生成用のヒートポンプである CO_2 冷媒ヒートポンプ給湯器（エコキュート）が実用化された．これ以降，エコキュートは従来の燃焼方式に比べて高効率な給湯を可能とする革新的技術として商品開発，市場普及が進んでいる．本節では CO_2 冷媒ヒートポンプ給湯器の特徴，作動原理，現状と今後について述べる．

7.3.1 冷媒としての CO_2 の特徴

二酸化炭素(冷媒番号：R744)は人工的に合成された冷媒ではなく自然界に存在する化学物質であり，冷凍機に使用されるアンモニア(R717)，ノンフロン冷蔵庫のイソブタン(R600a)などとともに，自然冷媒と呼ばれる．**表7.2** に，これまで利用されてきた冷媒の物性値および環境負荷を示す．本表のように自然冷媒はODP，GWPが小さく，オゾン層保護，地球温暖化防止の観点から優れた冷媒といえる．しかし，炭化水素は可燃性，アンモニアは可燃性と毒性という欠点をもつため，自然冷媒は用途に応じて使い分けがなされている．**図7.4** に自然冷媒ヒートポンプの適用分野として想定される用途を冷凍・加熱容量と温度の関係として示す．

図7.4からわかるように，二酸化炭素は給湯/暖房用の温熱生成ヒートポンプとしての利用が中心である．ここで，表7.2に示した以外の冷媒としての二酸化炭素の特徴を以下にまとめる．

- 毒性，可燃性，においがなく安全性が高い
- 臨界温度・圧力(31.1℃，7.4 MPa)が低いため，サイクルの高圧側が超臨界状態になる
- 超臨界状態のため圧力損失が小さく，熱伝達がとても良い
- 昇温幅が大きい加熱時には高いCOPが得られる一方，冷房時のCOPは低い
- 動作圧力条件が高圧になる(低圧側3 MPa，高圧側10 MPa程度)

表7.2 各種冷媒の物性および環境負荷特性

冷媒番号	化学式・組成	分子量	沸点 [℃]	蒸気圧 [MPa] (20℃)	ODP	GWP
R744	CO_2	44.0	−78.45	5.733	0	1
R717	NH_3	17.0	−33.35	0.86	0	0
R600a	C_4H_{10}	58.1	−11.65	0.304	0	3
R410A	R-32/R-125 (50/50)	72.6	−51.4	1.35	0	1,730
R22	$CHClF_2$	86.5	−40.8	0.81	0.055	1,700

ODP (Ozone Depletion Potential)：オゾン層破壊係数
GWP (Global Warming Potential)：地球温暖化係数(100年)

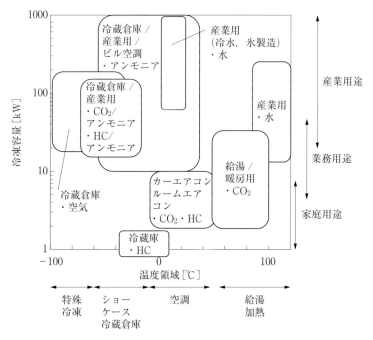

図 7.4 自然冷媒ヒートポンプの適用分野[7]

・低圧縮比,高差圧のコンプレッサーが必要となる

7.3.2 CO_2 冷媒ヒートポンプ給湯器の作動原理

給湯用途向けの CO_2 冷媒ヒートポンプ給湯器は水の昇温を行うヒートポンプ本体と沸き上がった水を貯蔵する貯湯タンクで構成される.このうちヒートポンプ本体は,図 7.5 (a) に示すように大気の熱を汲む蒸発器(空気側熱交換器),圧縮機,水に熱を伝える凝縮器(水加熱用熱交換器)および膨張弁の各要素機器から成る.図 7.5 (a) および図 7.5 (b) に示す温度-エンタルピー (T-h) 線図[8]を用いて CO_2 冷媒ヒートポンプの作動原理を示す.

(1) 蒸発器において冷媒である CO_2 が大気から熱を吸収する((d)⇒(a)).
(2) 熱を吸収した CO_2 が圧縮機で 9.2 MPa まで圧縮されると温度上昇し,100℃以上に加熱され,超臨界状態になる((a)⇒(b)).
(3) 超臨界状態にある CO_2 が凝縮器(水加熱用熱交換器)で,対向して流

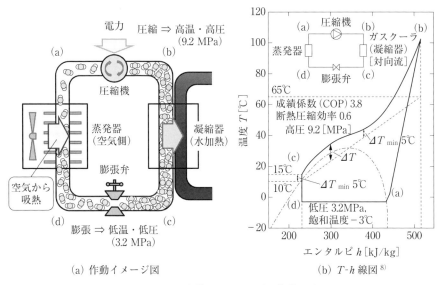

図 7.5 CO_2 冷媒ヒートポンプの作動原理

れる水と熱交換することによりお湯を沸かす（(b)⇒(c)）.
(4) 熱を放出した CO_2 は膨張弁を通過する際，急激に圧力が下がるとともに大気温度より低くなり（(c)⇒(d)），低温・低圧（3.2 MPa）の状態で再び空気用熱交換器に供給される.

CO_2 冷媒ヒートポンプ給湯器は，この (1)～(4) のサイクルを連続的に行うことにより，貯湯タンクにお湯を蓄える仕組みとなっている．本ヒートポンプの特長として，水との熱交換の際（(b)⇒(c)），超臨界状態にある CO_2 は凝縮することなく（T-h 線図で温度一定になる部分がない），徐々に温度が低下する．これにより，冷媒である CO_2 と水の温度差が小さい，無駄の少ない加熱が可能となり，高い加熱 COP が得られる．この熱交換のイメージを空調用ヒートポンプの冷媒であった R22 との比較として 図 7.6 に示す．R22 の場合は同一条件で COP が約 3.3 になると試算され，CO_2 を用いる方が 2 割ほど高い COP＝3.8 が得られるとされている.

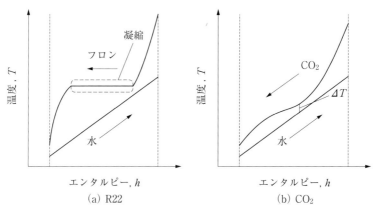

図 7.6　R22 と CO_2 における水との熱交換挙動の相違

7.3.3　CO_2 冷媒ヒートポンプの効率

CO_2 冷媒ヒートポンプ給湯器（エコキュート）は未だ開発中の技術であり，効率の定義も商品化開始当初から2回の改訂が加えられている．2001年の商品化当初は定格COP（定格条件：外気温度（乾球/湿球）：16/12℃，給水：17℃，給湯：65℃）を指標としていた．この基準下，2001年度のCOP=3.5から2007年度にはCOP=5.1まで効率が向上した．その後，2008年の省エネルギー法の改正に伴い，他のエアコン同様，以下の年間給湯効率：APFが指標として導入された．

$$\mathrm{APF} = \frac{年間給湯熱量}{年間消費電力量} \tag{7.3}$$

この結果，2008年にAPF=3.2となったが，2010年にはAPF=3.9まで効率が向上してきた．さらに，2011年にはエコキュートの性能表示がJIS化（JIS C 9220：2011）され，ふろ保温機能の有無に応じて年間給湯保温効率と年間給湯効率の2つの性能表示が定められた．年間給湯保温効率は次式で定義される．なお，年間給湯効率は2008年のAPFと定義は同じであるが，給湯負荷や試験方法の見直しがなされた．

$$年間給湯保温効率 = \frac{年間給湯熱量 + ふろ保温熱量}{年間消費電力量} \tag{7.4}$$

エコキュートは原理的に沸き上げ温度差が小さい保温には向かないため、年間給湯保温効率は年間給湯効率より低下する傾向にある。しかし、各メーカーの技術開発により、現時点で最も高い製品の年間給湯保温効率は 3.9 を達成している.

7.3.4 CO_2 冷媒ヒートポンプの現状

CO_2 冷媒ヒートポンプは 2001 年に世界で初めて商品化されて以降、図 7.7 に示すようにわが国で順調に導入が進み、2014 年度末時点で累計 463 万台が出荷されている[9]. この間に効率向上も確実に進み、前述のように年間給湯保温効率においても 3.9 を実現する製品が販売されている。さらに 2017 年には CO_2 冷媒ヒートポンプ給湯器もトップランナー方式の対象機器に追加されることになった.

また、CO_2 冷媒ヒートポンプを機能別にみると、湯張り〜保温までを自動で行うフルオートタイプ(年間給湯保温効率の対象)と湯張りのみ自動で行うセミオートタイプ、カランから湯張りを行う給湯専用タイプ(年間給湯効率の対象)があるが、出荷台数の 90% はフルオートタイプとなっている.

さらに、本ヒートポンプは貯湯タンクとの組み合わせにより蓄熱を実現しているが、貯湯タンク容量としては 370 リットル級が約 50%、460 リットル級が約 40% となっている。これに加えて近年では、高い加熱能力(10 kW 程度以上)を備えたエコキュートの実用化に伴い、夜間貯湯だけでなく昼間の追加沸

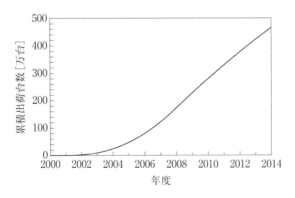

図 7.7 CO_2 冷媒ヒートポンプの累積出荷台数の推移

き上げにより，貯湯タンク容量を180リットルに抑えたコンパクトエコキュートも徐々に普及しつつある．

7.3.5 温熱生成ヒートポンプの今後

家庭用CO_2冷媒ヒートポンプ給湯器（エコキュート）は2017年よりトップランナー方式の対象機器になることから，より一層の効率向上に向け，中心要素機器である圧縮機，熱交換器，膨張弁の研究開発が継続的に進められていくであろう．さらに，わが国においては設置スペースの制約から，より一層貯湯タンク容量の低減が求められると考えられる．この課題実現に向けてはコンパクトエコキュートのように，CO_2冷媒ヒートポンプの瞬間加熱能力を向上させた瞬間式電気給湯器としての機能がより重要になる．

一方，産業向け温熱生成ヒートポンプについては，幅広い温度域，加熱容量に対応するため，CO_2に加えてさまざまな冷媒を用いたシステムが開発されつつある．業務用エコキュートではヒートポンプユニットならびに貯湯タンクを複数ユニット組み合わせることにより給湯可能容量を高めており，年間加熱効率4.2，日量給湯能力が34 t/dayというエコキュートも存在する．さらに，出口水温の高温化（90℃出湯）や貯湯と保温の両運転モードで高いエネルギー効率を実現するために，図7.8（a）に示す二元冷凍サイクルを利用した系が実用化されている．本サイクルでは，低温でも外気から高い吸熱量が得られる

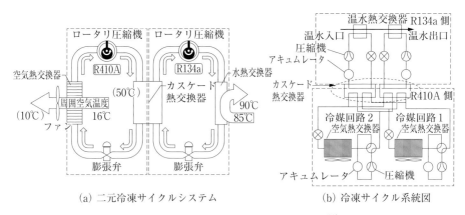

図7.8　90℃循環加温ヒートポンプの仕組み[10]

7.3 CO$_2$冷媒ヒートポンプ

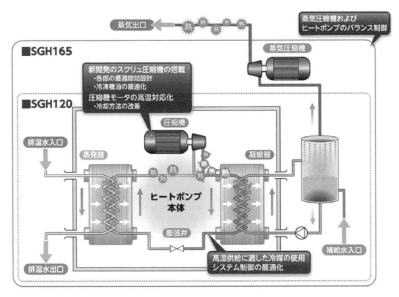

図7.9 ヒートポンプによる蒸気供給システムのシステム構成[11]

R410Aを低温側，臨界温度が高く高温出湯に適したR134aを高温側に採用している．90℃出湯を目指したシステムでは，図7.8(a)のシステムを2系列搭載することで（図7.8(b)），最大50℃の入口出口温度差での運転を可能としており，定格条件（外気温度（乾球/湿球）：16℃/12℃，温水出口温度：65℃）の一過式運転（温水入口出口温度差：48℃）でCOP=3.7，温水流量が大きい場合の循環式運転（温水入口出口温度差：7℃）ではCOP=3.1を達成している．

さらに，従来の圧縮式ヒートポンプでは実現が困難であった120℃以上の高温蒸気供給に関しても研究開発が進められ，すでに製品化がなされている[11]．本システムでは図7.9のようにヒートポンプにより120℃の蒸気生成，さらに蒸気圧縮機の追加搭載により，165℃までの蒸気供給を可能としている[12]．このための冷媒として，120℃対応機種では臨界温度が高い低圧冷媒であるR245fa（臨界温度：157.5℃），165℃ではR245faとR134a（臨界温度：101.1℃）の混合物が用いられている．この結果，120℃対応機種では定格条件において，COP=3.5，蒸気供給量0.51 t/hr（熱源水温度65℃），165℃対応機種では

COP＝2.5，蒸気供給量 0.84 t/hr（熱源水温度 70℃）が実現されている．

以上のように，業務用ヒートポンプは適用温度範囲と加熱容量の拡大に関する研究開発が積極的になされており，今後もこの傾向は継続していくと考えられる．将来的には，加温・加熱，乾燥，給湯などの幅広いプロセスに対応した機種が開発されるものと思われる．

7.4　熱駆動式ヒートポンプ

熱駆動式ヒートポンプは排熱などの熱エネルギーを回収・貯蔵し，需要に応じて回収熱の質（＝温度）を変換した上で出力する技術である．本技術は熱エネルギーの貯蔵を行う際に利用する物理・化学現象により大別され，吸収，吸着，化学反応の3方式があるが，いずれも作動媒体の吸・放出に伴う発・吸熱を利用して熱エネルギーのハンドリングを行う．CO_2冷媒ヒートポンプと同様に，これ以降，作動原理，現状と今後について述べる．

7.4.1　熱駆動式ヒートポンプの作動原理

熱駆動式ヒートポンプの場合，吸収式，吸着式，化学反応式では反応物質が異なるものの，作動原理はほぼ同じである．そこで，本節では化学反応式ヒートポンプを例として作動原理を示す．化学反応式ヒートポンプでは，以下の可逆反応に伴う吸・発熱現象を利用する．なお，吸収式ヒートポンプでは LiBr 水溶液による水蒸気の吸収熱，吸着ヒートポンプではシリカゲルやゼオライトによる蒸気の吸・脱着に伴う吸・脱着熱を利用することになる．

$$AB(s) = A(s) + B(g) - Q \,[kJ/mol] \quad (7.5)$$

式（7.5）において，左から右方向に反応が進行すると AB の分解反応が生じ，その際に吸熱が起こる．一方，右から左方向に進行すると A と B の合成反応（発熱）が生じる．たとえば AB(s) を水酸化マグネシウム（$Mg(OH)_2$）とすると，A(s) は MgO，B(g) は H_2O になる．本システムが連続稼働するためには作動媒体である B(g) を貯蔵・放出する必要がある．このため，実システムでは式（7.5）の主反応に加えて，作動媒体を貯蔵する反応系が必要である．作動媒体として $H_2O(g)$ を用いる際は化学反応による貯蔵を用いることもあるが，

7.4 熱駆動式ヒートポンプ

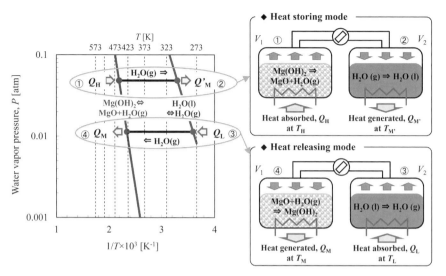

図 7.10　熱駆動式ヒートポンプの作動原理（冷凍モード）

水の蒸発，凝縮現象を利用する場合が多い．

$$Mg(OH)_2(s) = MgO(s) + H_2O(g) - 81.02 \text{ kJ/mol} \quad (7.6)$$

$$H_2O(l) = H_2O(g) - 40.66 \text{ kJ/mol} \quad (7.7)$$

化学反応式ヒートポンプでは，これらの主反応と作動媒体貯蔵系が図 7.10 に示す2つの密閉容器に組み込まれている．この両容器を加熱または冷却することにより，作動媒体が容器間を移動し，各反応器での分解・合成反応に伴って生じる吸・発熱を利用する．この際，熱の利用温度レベルにより蓄熱，増熱，冷凍，昇温モードという4つの機能を有する．ここでは，図 7.10 および図 7.11 に示す作動原理図を用いて，熱駆動式ヒートポンプで多く用いられる冷凍モードと昇温モードについて詳説する．図 7.10 および図 7.11 の左図は化学反応における P（圧力）-T（温度）線図と呼ばれ，次式のように反応平衡温度と圧力の関係を示している．

$$\log P \text{ [atm]} = -\frac{\Delta H°}{R}\frac{1}{T} + \frac{\Delta S°}{R} \quad (7.8)$$

ここで，$\Delta H°$ は標準反応エンタルピー変化 [J/mol]，$\Delta S°$ は標準反応エントロピー変化 [J/(mol K)]，R はガス定数 [J/(mol K)] である．

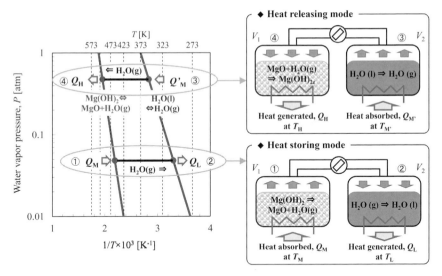

図7.11 熱駆動式ヒートポンプの作動原理（昇温モード）

本図の場合，操作条件が平衡線より上の領域では合成反応が，下の領域では分解反応が進行することを意味している．なお，P-T 線図に対応する線図として，吸収式ヒートポンプでは Duhring 線図（P-T-x（水溶液濃度）線図），吸着式ヒートポンプでは吸着等量線図（P-T-q（吸着量）線図）がある．

(1) 冷凍モード

蓄熱過程：$Mg(OH)_2(s)$ の入った反応器 V_1 に温度 T_H の熱源を加えると，$Mg(OH)_2$ の吸熱・熱分解反応により作動媒体である $H_2O(g)$ が発生する（①）．$H_2O(g)$ は圧力差により V_2 へ移動，$T_{M'}$ で凝縮熱を放出しつつ液化する（②）．この反応操作により温度 T_H の熱源 Q_H が，$Mg(OH)_2(s)$ から $MgO(s)$ と $H_2O(g)$ への分解エネルギーとして貯蔵されたことになる．

放熱過程：反応器 V_2 に温度 T_L の熱源を加えると，吸熱反応（蒸発）が起こり $H_2O(g)$ が再生（③），V_1 で $MgO(s)$ と水和反応することにより，T_M の反応熱が発生する（④）．

上記の放熱過程において，特に③での吸熱反応の際，T_L を環境温度以下として，その熱利用に主眼をおいた場合が冷凍モードとなる．また，本サイクルでは温度 T_H と T_L の2熱源から T_M と $T_{M'}$ の中温熱を2回取り出せることに

なる．この中温熱の利用を行うと増熱モードと呼ばれる．さらに，蓄・放熱を一定圧力下で行い，蓄熱と放熱温度を等しく制御すると蓄熱モードとなる．

(2) 昇温モード

冷凍モードが P-T 線図上で時計回りのサイクルであるのに対し，昇温モードは反時計回りであり，T_M，T_L の両熱源より T_H の高温熱を得る．

蓄熱過程：$Mg(OH)_2(s)$ に温度 T_M の熱源を加えながら，反応器 V_2 を T_L 以下に保つと，反応器 V_1 では $Mg(OH)_2(s)$ の熱分解反応が進み，$H_2O(g)$ が発生する（①）．$H_2O(g)$ は反応器 V_2 で凝縮し，$H_2O(l)$ となる（②）．

放熱過程：反応器 V_1 に温度 T_M の熱源 Q_M を加えながら V_2 に温度 $T_{M'}$ の熱源 $Q_{M'}$ を加えると，$H_2O(l)$ が吸熱・蒸発する（③）．再生された $H_2O(g)$ は反応器 V_1 で $MgO(s)$ と反応して $Mg(OH)_2(s)$ を生成する（④）．この際，高温側反応器は生成反応熱 Q_H によって最大 T_H まで温度上昇し，熱改質が行われる．ここで，T_H と投入温度 T_M との差 ($T_H - T_M$) が最大温度上昇幅となる．

7.4.2 熱駆動式ヒートポンプの現状

前述のように熱駆動式ヒートポンプには蓄熱，増熱，昇温，冷凍の4モードがあり，反応系，温度域に応じてさまざまな研究開発が行われている．わが国で，実用化あるいは研究開発がなされている反応系を**図7.12**にまとめる．

吸収式ヒートポンプは臭化リチウム（LiBr）水溶液を用いた系が古くから実用化されており，地域冷暖房システムなどに大規模導入されてきた．空調冷房用途としてはCOPの向上を目指して再生器の数を変化させた単効用～三重効用型までが実用化されている．このうち，低温排熱回収用の単効用型では80～90℃，吸収式冷凍機の主流である二重効用型では 0.8 MPa の蒸気を駆動熱源としている．また，吸収式冷凍機は吸収剤が流動性，伝熱性能の高い液体であるためスケールアップが容易であり，17.6 kW（5 USRT）～17,600 kW（5,000 USRT）と非常に幅広い冷凍能力を有する製品が市販されている．

一方，吸着式ヒートポンプはシリカゲル/水系あるいはFAM（Functional Adsorbent Material）/水系を用いた空調冷房向けの冷凍機が実用化されている．吸着式ヒートポンプは使用する吸着材により駆動熱源温度が異なるが，シリカゲルを用いる場合は 80～90℃，FAMの場合は 60～80℃の低温熱源によ

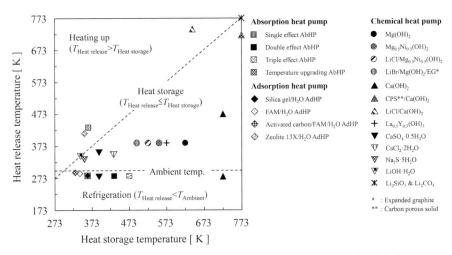

図7.12 日本で開発・実用化がなされている熱駆動式ヒートポンプの反応系

り駆動する．単効用型吸収式冷凍機の駆動下限温度は70℃付近といわれている．この点から，FAMは吸収式冷凍機に比べてより低温の作動温度域をターゲットとすることで，競合技術である吸収式冷凍機との差別化を図っている．吸着式冷凍機は吸着現象が気固反応であるため吸着器内の伝熱性が低く，かつバッチ運転にならざるを得ないため，単機としてのスケールアップには限界があり，499 kW（141 USRT）が最大の冷凍能力となっている．

最後に，化学反応式ヒートポンプについては，未だ実用化に至った例はなく基礎～実証研究段階である．基礎研究では反応材粒子の熱分解温度（＝蓄熱温度）の低温化や反応耐久性の向上，装置工学的には伝熱促進材との複合化などが試みられている．また，近年では$MgO/Mg(OH)_2$反応系を用いた工場間熱輸送の実証実験が行われつつある[13]．

7.4.3 熱駆動式ヒートポンプの効率

熱駆動式ヒートポンプの効率は現在もCOPにより評価されている．

しかし，前述のように，特に熱駆動式ヒートポンプのCOP計算においては，どこまでを投入エネルギーとするのか（熱交換媒体の搬送ポンプ動力を加味するか否かなど）など，研究者によって異なる場合があるため，COPを比

較する際には算出根拠について注意する必要がある．熱駆動式ヒートポンプの現状のCOPは，単効用型の吸収冷凍機で0.6程度，二重効用型で1.2〜1.4，三重効用型で1.6の値となっている．一方，吸着式冷凍機では単効用型吸収式冷凍機と同じ0.6程度である．

7.4.4 熱駆動式ヒートポンプの今後

吸収式冷凍機は上述したように古くから実用化がなされ，エネルギー効率も向上してきたことから，その効率改善は限界に近づきつつある．他方で吸収式については，従来の空調機としての利用だけでなく，昇温を行う第二種ヒートポンプとしての開発も進められている．齋藤らは二段第二種吸収ヒートポンプの開発を行っており，80〜90℃の排熱で180℃の蒸気生成を可能とする200 kWの機器開発を行った[14]（**図7.13**）．圧縮式ヒートポンプでは冷媒の安定性や冷凍機油の潤滑特性から，現状では120℃を最高温度としているため（165℃は蒸気圧縮機を用いて実現）180℃級の蒸気生成は困難であり，熱のみで駆動するヒートポンプの新たな展開として注目されている．

吸着ヒートポンプは冷凍モードでの稼働がほとんどであるが，基本的に吸収式冷凍機と競合するため，熱源温度の低温化による吸収式冷凍機との差別化がなされている．このために，低温再生特性に優れたFAMを用いるシステム

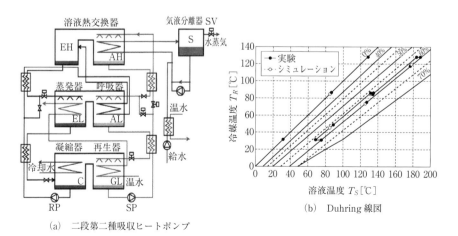

図7.13 180℃生成用二段第二種吸収ヒートポンプ[14]

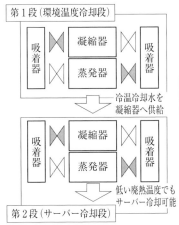

図 7.14 低温熱源駆動を目指した多段吸着式冷凍システム[15]

や，吸着特性の異なる2種類の吸着材を組み合わせた多段システムの検討がなされている．小林らは活性炭とFAM-Z01の組み合わせにより，55℃の低温熱源による駆動を可能としている[15] (**図7.14**)．

最後に，化学反応式は未だ実用化された製品がなく，実用化に向けて解決すべき課題が多い．具体的には反応器内の熱・物質移動促進，化学蓄熱材の繰り返し反応の耐久性の維持，反応に伴う体積変化を考慮した反応器設計などが課題として挙げられる．しかし，200℃以上の中・高温熱のハンドリングを可能とするのは，現時点では化学反応式のみであるため，基礎検討に加えて実プロセスを想定した研究開発が今後なされていく必要があると思われる．

7.5 おわりに

本章ではヒートポンプ技術，とりわけ今後，重要度が増していくと考えられるCO_2冷媒ヒートポンプならびに熱駆動式ヒートポンプを中心に概説した．熱エネルギーはあらゆるプロセスで利用されるだけでなく，エネルギーの最終形態として大量に廃棄されている．この点から，現在顕在化している地球規模の資源，エネルギー，環境問題に対処する上で，熱の効率的なハンドリングはきわめて重要であると考えられる．しかし，熱は供給側と需要側で量的，質的

7.5 おわりに

(温度),時間的にミスマッチを伴うことが多いため,これらのミスマッチに対応し得る広範な技術開発を行うとともに,具体的な導入先を想定してシステム開発を行うことが必要である.さらに,熱の価格は一般的にかなり安価であるため,製品化ならびにその市場浸透にはコスト面で大きなハードルがあるといわざるを得ない.しかし,上述したように,将来の大幅な省エネルギー化の実現に向けては熱利用が不可欠であることから,今後,幅広い分野・領域の研究者・技術者が横断的に参画し,技術的にも経済的にも社会実装性を有するヒートポンプ技術の開発がなされていくことが期待される.

[参考文献]

1) 経済産業省資源エネルギー庁:平成26年度エネルギーに関する年次報告(エネルギー白書2015),p. 106, 2015
2) 日本エネルギー経済研究所 計量分析ユニット編:EDMC/エネルギー・経済統計要覧(2011年版),p. 99 & 123,財団法人省エネルギーセンター,2015
3) 財団法人ヒートポンプ・蓄熱センター編:ヒートポンプ・蓄熱白書,オーム社,2007
4) 経済産業省資源エネルギー庁:省エネ法の概要について
(http://www.enecho.meti.go.jp/category/saving_and_new/saving/summary/)
(2015年9月14日アクセス)
5) 経済産業省ホームページ:トップランナー制度について
(http://www.meti.go.jp/committee/summary/0004310/016_05_02.pdf)
(2015年9月14日アクセス)
6) 経済産業省資源エネルギー庁:家庭の省エネ徹底ガイド,p. 5, 2015
7) 飛原英治,柳原隆司,松岡文雄,桐野周平編:京都議定書達成の決め手!ヒートポンプがわかる本,p. 23,社団法人日本冷凍空調学会,2005
8) 飛原英治監修:ノンフロン技術—自然冷媒の新潮流—,p. 40,オーム社,2004
9) 日本冷凍空調工業会ホームページ 統計 年ごとのデータ 製品ごとの国内出荷実績(1986〜2014年)(www.jraia.or.jp/statistic/index.html)
(2015年9月14日アクセス)
10) 丹野英樹:冷凍,89 (1039), pp. 8-12,公益社団法人日本冷凍空調学会,2014
11) 飯塚晃一朗:冷凍,89 (1039), pp. 13-18,公益社団法人日本冷凍空調学会,

2014
12) 神戸製鋼所ホームページ　蒸気供給ヒートポンプシステム SGH 機能紹介（http：//www.kobelco.co.jp/machinery/products/rotation/heatpump/sgh/function.html）（2015 年 9 月 14 日アクセス）
13) 日刊工業新聞社：「未利用熱」を使いこなせ（2015 年 7 月 8 日），2015
14) 齋藤潔：日本機械学会誌，117（1148），p. 481，一般法人日本機械学会，2014
15) 新エネルギー・産業技術総合開発機構：グリーンネットワーク・システム技術研究開発プロジェクト（グリーン IT プロジェクト）/エネルギー利用最適化データセンタ基盤技術の研究開発/最適抜熱方式の検討とシステム構成の開発/吸着式冷凍機による廃熱利用冷却システムの開発　平成 20 年度成果報告書，p. 22, 2009

8 未来型家庭用ガス給湯器

8.1 はじめに

国産の家庭用のガス機器の製造販売は，1921年（大正10年）に始まり，ガス給湯器も湯沸かし器や風呂釜として，その歴史が始まった．以来約100年を経た現在，ガス給湯器がどのように進化し，今後どのような未来に向かっていくのかを概説する．

8.2 ガス給湯器の発展と成熟

8.2.1 単能機から複合機へ

ガス給湯器は，湯沸かし器や風呂釜など1台で1つの機能をもつ単能機が，戦後の経済成長期まで，その主流であった．1978年頃にシャワー付風呂釜が発売され，浴室でのシャワー文化が始まり，また1985年に浴槽の水を器具内の循環ポンプで循環しながら加熱する強制風呂追焚き機能付き給湯器が発売され，1台で2つ以上の機能をもつ複合機の時代が到来した．

大手ガス会社を中心に，ガス消費量の拡大を図るために，強制追焚き機能付き給湯器に暖房機能も備えたガス給湯暖房機が開発された．これにより，現在のガス給湯器の基本的な機能が備わった．以下にその詳細を説明する．

8.2.2 ガス給湯器の作動原理

ガス給湯暖房機の原理を以下に示す．

(1) 給湯運転の作動原理

まず給湯運転の作動原理について，**図 8.1** を参照しながら説明する．

① 図の給湯カランを開けると，給湯回路に水が流れて，水量センサーがその流れを検出する．

② 水量センサーが流れを検出すると，ファンが駆動し，燃焼室に空気を供給する．同時に，ガスバルブが開いて，ガスバーナーに点火する．ガスと空気が燃焼する．

③ ガスバーナーの燃焼熱で熱交換器を温めて，水を加熱する．

④ バーナーの火力を調節して，給湯リモコンの設定温度になるように，給湯温度を調節する．

⑤ バイパスサーボは，加熱した湯と水を混ぜて，給湯温度を適温となるように微調整する．

⑥ 冬期の給水温度が非常に低い場合は，ガスの能力が足りずに，給湯リモコンの設定温度まで水を加熱できない場合がある．この場合に，水量サーボは，給湯カランに流れる湯量を絞って，ガスの能力範囲内で，給湯リモコンの

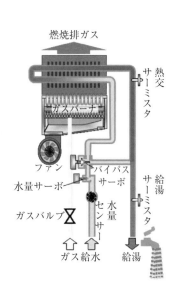

図 8.1 給湯運転作動原理

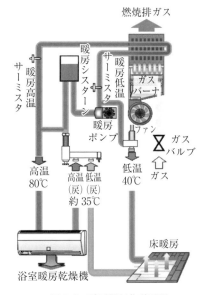

図 8.2 暖房運転作動原理

設定温度のお湯を供給する．

⑦　給湯カランを閉めると，給湯回路の水が流れなくなり，水量センサーがこれを検出して，ガスバルブを閉じてバーナーを消火し，給湯運転を停止する．

(2)　暖房運転の作動原理

ガス給湯暖房機の暖房とは，温水を暖房端末に循環して，暖房端末によって間接的に部屋を温める温水暖房のことである．暖房運転の作動原理を図8.2に示す．

この温水暖房の中で比較的低い温水温度（約40℃）を循環する低温暖房において，代表的な床暖房運転の作動原理について説明する．

①　まず床暖房リモコンの暖房スイッチをONすると，暖房ポンプが駆動する．

②　暖房ポンプが駆動し，暖房回路の温水が循環すると，ファンが駆動し，燃焼室に空気を供給する．同時に，ガスバルブが開いて，ガスバーナーに点火する．ガスと空気が燃焼する．

③　ガスバーナーの燃焼熱で熱交換器を温めて，暖房回路の温水を加熱する．

④　加熱された温水と，床暖房から戻ってきた温水を混合して，再び床暖房へ温水を供給する．

⑤　バーナーの火力を調節して，暖房リモコンから指示される暖房設定温度になるように，暖房低温サーミスタで検出する温水温度を調節する．

⑥　床暖房リモコンの暖房スイッチをOFFにすると，ガスバルブを閉じてバーナを消火し，暖房ポンプを止めて，床暖房運転が停止する．

次に，温水暖房の中で比較的高い温水温度（約80℃）を循環する高温暖房において，代表的な浴室暖房乾燥機の暖房運転の作動原理について説明する．

①　最初に浴室暖房乾燥機のリモコンの暖房スイッチをONにすると，低温暖房と同様に暖房運転を開始する．加熱された温水は，浴室暖房乾燥機へ供給される．

②　バーナーの火力を調節して，浴室暖房乾燥機のリモコンから指示される暖房設定温度になるように，暖房高温サーミスタで検出する温水温度を調節する．

③　ユーザーが浴室暖房乾燥機のリモコンの暖房スイッチを OFF にすると，ガスバルブを閉じてバーナーを消火し，暖房ポンプを止めて，浴室暖房乾燥機の暖房運転が停止する．

(3) ふろ追焚き運転の作動原理

風呂の水の追焚き運転の作動原理を図 8.3 に示す．前述の高温暖房温水回路の一部をバイパスして，この熱を利用して，浴槽の水を加熱する．

①　リモコンのふろの追い炊きスイッチを ON にすると，ふろポンプが駆動し，ふろの水が循環する．

②　暖房ポンプが駆動し，暖房回路を循環させ，バーナーで暖房回路を加熱した後，前述の高温暖房温水回路の一部をバイパスさせ，高温暖房温水とふろの水を熱交換する．

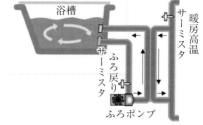

図 8.3　ふろ追焚き運転作動原理

③　リモコンの追い炊きスイッチを OFF にするか，または浴槽のお湯の温度がふろ設定温度となると，ふろポンプ，暖房ポンプが停止して，ふろの追い焚きを終了する．

8.2.3　ガス給湯器のバーナ

ここでは，ガス給湯器の加熱源であるガスバーナーについて述べる．最大の特徴は，燃焼排ガス中の窒素酸化物（以降 NO_x と呼ぶ）の少ないバーナーということである．

日本では，大気汚染防止法で，工場などに設置する大規模なボイラーなどを「ばい煙発生施設」として，窒素酸化物などの大気汚染物質の排出濃度や排出量を規制することで，大気汚染を防止している．

一方，家庭用のガス給湯器などは，法規制の対象ではないが，燃焼排ガスの排気口が低く，また，居住空間の近くに数多く設置されるため，全体的な排出量は無視できない．そのため，環境省では家庭用のガス給湯器などを対象として，大気汚染物質の排出量が少ない機器を優良品として推奨するために『小規模燃焼機器の窒素酸化物排出ガイドライン』を策定し，その普及に努めてい

8.2 ガス給湯器の発展と成熟

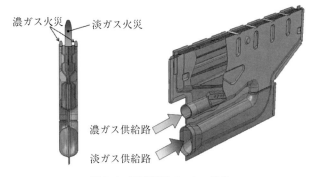

図 8.4　濃淡燃焼バーナー構造

る．

　現在のガス給湯器に搭載されているガスバーナーは，ブンゼン式バーナーを改良した濃淡バーナーを採用している．ブンゼンバーナーとは，ノズルからのガスの吹き出しにより一次空気を吸引し，混合管で混合し，炎口で二次空気が追加され，完全燃焼するタイプである．

　図 8.4 は，濃淡燃焼バーナーの構造を示す．中央に淡ガス火炎を，その淡ガス火炎の両端に濃ガス火炎を配置している．淡ガス火炎は，一次空気比約 1.4 のガス空気混合気が下の混合管から供給され，燃焼する．濃ガス火炎は，一次空気比約 0.8 のガス空気混合気が上の混合管から供給され，二次空気とともに燃焼する．

　淡ガス火炎は，空気比が高く，燃焼温度を下げることができる．燃焼温度が低いと NO_x の生成が抑えられ，低 NO_x バーナーとなる．しかしながら，淡ガス火炎は，空気比が高いことで，ガス空気混合気の流速が早くなるため，火炎が吹き飛び，燃焼が継続しなくなる恐れがある．この吹き飛びやすい淡ガス火炎を，両端の濃ガス火炎で保持することで，燃焼を継続することができるバーナとした．

　図 8.5 に濃淡燃焼バーナーの総空気比に対する排ガス中の NO_x 濃度を示す．濃淡燃焼バーナーの総空気比は約 1.3 に設定されているので，NO_x 濃度は約 50 ppm［$O_2=0\%$ 換算］となる．前述の『小規模燃焼機器の窒素酸化物排出ガイドライン』においては，家庭用ガス給湯器は 60 ppm［$O_2=0\%$ 換算］推奨ガ

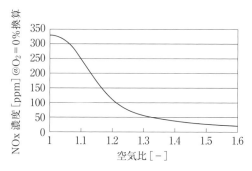

図 8.5　濃淡燃焼バーナー NO_x 濃度

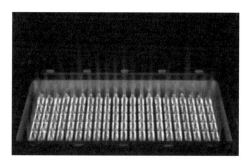

図 8.6　濃淡燃焼バーナーの燃焼写真

イドライン値であり，この値を達成することができている．

　ここで，空気比という用語を用いたので，この説明を行う．ガスを燃焼するためには酸素が必要で，空気を供給することになる．ガスが完全燃焼するための最低限必要な空気の量を，理論空気量と呼ぶが，その何倍の空気量が供給されているかを空気比（もしくは空気過剰率）と呼ぶ．たとえば，メタン (CH_4) $1\,m^3$ を完全燃焼させるためには，酸素 $2\,m^3$ 必要である．空気中の酸素濃度は 21% なので，必要な空気量は $9.52\,m^3$ である．これに対して，実際にガスの燃焼に供給した空気が $12.4\,m^2$ の場合は，空気比が 1.3 ということになる．

　図 8.6 に，ガス給湯器に採用した濃淡バーナの燃焼写真を示す．図 8.6 では，濃淡バーナー 21 本を横方向に配列し，給湯燃焼量 $44.2\,kW$ を可能としている．

　現在では，家庭用ガス給湯器のバーナーは，この濃淡燃焼バーナーが主流と

なっている．

8.2.4 ガス給湯器の高効率化の要望

1997年12月に京都市の国立京都国際会館で開かれた第3回気候変動枠組条約締約国会議（地球温暖化防止京都会議，COP3）で採択された，気候変動枠組条約に関する議定書（京都議定書）において，さまざまな機器のCO_2排出量の削減すなわち，省エネ化が望まれるようになった．

図8.7に，1997年当時の家庭でのエネルギー消費量の内訳を示す[1]．この中

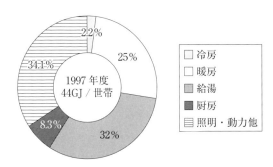

図8.7　家庭のエネルギー消費量内訳
（出展：EDMC エネルギー経済統計要覧）

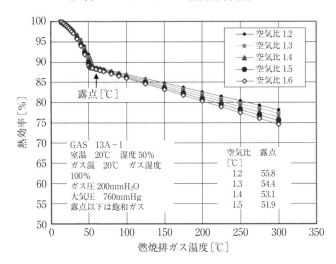

図8.8　燃焼排ガス温度と熱効率（13A-1 ガス）

で，暖房25%，給湯32%と，合わせて全体の50%以上を占めることがわかる．この50%以上を占める給湯・暖房機器の省エネ化に，取り組む必要があった．

(1) ガス給湯器の高効率化の課題

図8.8は，都市ガスの主成分であるメタン85%，プロパン15%を混合したガス（以後13A-1ガスと呼ぶ）の定格能力での給湯器の平均燃焼排ガス温度と熱効率の関係を示す．1997年当時の給湯暖房機の燃焼排ガス温度は燃焼良好域である空気比1.2〜1.5において，200℃〜250℃程度であり，給湯暖房機の熱効率は，給湯約80%，暖房約80%であり，この延長線上で高効率化を行うことは困難であった．

それは，高効率化のために，熱交換器を大型化すると，燃焼排ガスが冷やされ，その温度が露点を下回り，燃焼排ガス中の水蒸気が熱交換器に結露することになる．図8.9に，13A-1ガスを燃焼した際の空気比と露点の関係を示す．13A-1ガスの燃焼良好域である空気比1.2〜1.5において，露点温度は51℃〜56℃となる．

一方，燃焼排ガスには，空気中の窒素由来の窒素酸化物が含まれる．これが，熱交換器内で結露した水に溶け込み，pH4以下の酸性のドレンとなり，銅製の熱交換器を腐食する．これにより，熱交換器に穴を開け，水漏れが発生したり，腐食生成物が熱交換器内の排ガス通路を塞いで，燃焼不良が発生した

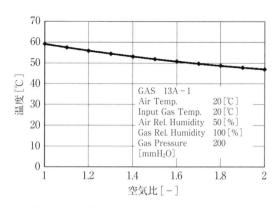

図8.9 空気比と露点温度の関係（13A-1ガス）

りする恐れがある．

なお，図 8.8 および図 8.9 の結果より，1997 年当時の給湯暖房機の平均燃焼排ガス温度は，定格能力において 200℃〜250℃ 程度であり，露点温度に対し非常に余裕があるように考えられるが，使うお湯が少なく燃焼ガス量が少ない場合は，燃焼排ガス温度はさらに低くなる．熱交換器の水管周辺の局所的な領域では，燃焼排ガス温度は非常に低くなり，特に 5℃ 以下の低温の給水が供給された場合は，燃焼排ガス温度はより一層低くなる．このような過酷な条件においても，燃焼排ガス温度が露点を下回らないように，定格能力において平均燃焼排ガス温度は 200℃ 以上として設計に配慮している．

このため，銅製の熱交換器では，これ以上の高効率化は不可能であった．

(2) ガス給湯器の高効率化のブレークスルー

前項の課題を解決するために，銅製熱交換器の上に，ステンレス製の熱交換器を搭載して，高効率化が図られた．図 8.10 に，ステンレス製熱交換器を搭載した高効率ガス給湯暖房機の内部構造を示す．給湯部は給湯銅製熱交換器の上に給湯ステンレス製熱交換器を搭載し，暖房部は暖房銅製熱交換器の上に暖房ステンレス製熱交換器を搭載している．ステンレス製熱交換器は，銅製に比べ

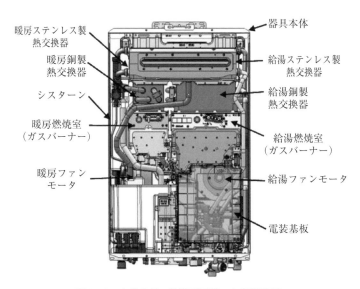

図 8.10　高効率ガス給湯暖房機の内部構造図

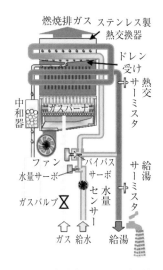

図 8.11　高効率ガス給湯暖房機の給湯運転作動原理

図 8.12　エコジョーズ外観写真

て，熱伝導率が低いものの，燃焼排ガスが結露し酸性のドレンが生成しても，腐食に強い特性を示す．

　ステンレス製熱交換器で生成したドレンが，銅製熱交換器に落下すれば，銅製熱交換器が腐食してしまう．図 8.11 に示すように，銅製熱交換器に落下しないように，ドレン受けを内蔵して熱交換器外部に，ドレンを排出できるように設計に配慮されている．

　また，ステンレス製熱交換器にて生成したドレンは，pH 4 以下の酸性を示すので，そのまま給湯器外に排出すると，水質汚濁防止法の排水基準（pH 5.8〜8.6）などを満足できない．給湯器内で酸性のドレンを中和するために，炭酸カルシウムを主成分とする中和器を搭載した．中和器は 15 年程度の給湯暖房運転を行っても，消費されない量を搭載している．酸性のドレンを中和することは，マグネシウムなどの鉱石も可能であるが，強アルカリを示すため，ドレンは，中性を通り越してアルカリ側にシフトする可能性もあるため，アルカリ側にシフトしない弱アルカリの炭酸系のものを選定している．

　これにより，図 8.8 に示すように，平均燃焼排ガスが約 40℃ とすることができ，給湯熱効率は 95％ まで上昇することができた．暖房熱効率は，暖房戻

り温度が高いため，給湯熱効率ほど高くすることができない．① 床暖房の低温暖房において，暖房戻り温度は約 35℃ であり，平均燃焼排ガス温度は約 50℃ であるので，熱効率は 89%，② 浴室暖房乾燥機の高温暖房において，暖房戻り温度は約 60℃ であり，平均燃焼排ガス温度は約 120℃ であるので，熱効率は 85% となる．いずれにしても，従来給湯暖房機に比べて，高効率となっている．

ガス業界では，潜熱回収型高効率ガス給湯器という器具名称で，1999 年に業務用給湯器の発売を開始し，その後各種給湯器にバリエーション展開して，「エコジョーズ」という統一ブランド名で拡販をしている．図 8.12 は，エコジョーズの外観写真を示す．

8.3 ヒートポンプ給湯機

電力業界では，2001 年に電気式ヒートポンプ給湯機を発売開始した．この給湯機は，自然冷媒の CO_2 を用いたヒートポンプ給湯機で，ヒートポンプ技術を利用し空気の熱で湯を沸かすことができるタイプの給湯機である．電機業界では，統一ブランド「エコキュート」と称して販売している．

8.3.1 エコキュートの作動原理

ヒートポンプは，電力を使って大気の熱を汲み上げることができ，主にエアコンなどの空調に利用されてきた技術として広く知られる．エコキュートは，そのヒートポンプ技術を使った給湯器である．図 8.13 は，エコキュートの給湯運転作動原理を簡略的に表した図である．エコキュートは，大気から汲み上げた熱をコンプレッサによって CO_2 冷媒を高温高圧状態とし，この冷媒により，タンクの中の水を水冷媒熱交換器にて加熱して，タンクに高温水を貯めて給湯に使用する運転を行う．

8.3.2 エコキュートの特徴

一般的なエコキュートの年間平均熱効率は，実際約 300% となる．しかしながら，これは 8.2 節で説明したエコジョーズの熱効率 95% をはるかに上回る

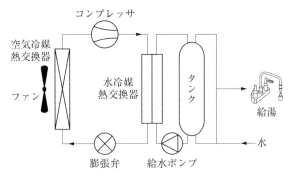

図 8.13　エコキュートの急騰運転作動原理

性能である．

　加えて，オール電化住宅に用いられる時間帯別電灯料金において，昼間の電力に比べて非常に安価（約3分の1）な深夜電力でお湯を沸すことで，給湯光熱費の低減を実現している．

　このため，ガス単価の比較的高いLPガス供給地域を中心に，オール電化のコマーシャルイメージとの相乗効果で，エコキュートの販売が拡がっている．

　ここで，一般的なエコキュートの年間平均熱効率約300％，エコジョーズの熱効率95％という説明をしたが，これは家庭における熱効率である．つまり家庭に供給される電力およびガスの消費量をベースとしている．電力の場合は，家庭に供給される前の段階で，発電所の発電ロスや送電網における送電ロスが発生するため，その部分を考慮する必要がある．発電所に供給される段階でのエネルギーをベースとする効率を，一次エネルギー消費効率と呼び，家庭へ供給されるエネルギーを2.7倍することとなる．よって，エコキュートの一次エネルギー消費効率は，約110％となる．

　ガスに関しては家庭へ供給されるまでのロスはないので，エコジョーズの熱効率と一次エネルギー消費効率は，ともに95％である．

8.4　ハイブリッド給湯・暖房システム「エコワン」の開発

　エコキュートの登場で，一次エネルギー消費効率が100％を超える給湯器が

8.4 ハイブリッド給湯・暖房システム「エコワン」の開発

図8.14 エコワン外観写真（左からヒートポンプユニット，タンクユニット，ガス給湯暖房機）

普及し始め，一方，ガス給湯器は，エコジョーズにより高効率化を図ったものの，ガス燃焼で直接温水を加熱するタイプの給湯器では，一次エネルギー消費効率は理論上100％を超えることができない．そこで，ヒートポンプ技術の長所をうまく利用し，かつガス機器の長所も継承する電気とガスのベストミックスとなる商品の開発が始まった．

そして，高効率なヒートポンプとヒートポンプで沸かし上げたお湯を貯める小型のタンクと，お湯の不足時にバックアップする大能力のガス給湯暖房機を組み合わせたハイブリッド給湯・暖房システム「エコワン」が開発された．以下にその詳細を説明する．

エコワンの外観を，図8.14に示す．エコワンは，「ガス給湯暖房機」，「タンクユニット」，「ヒートポンプユニット」で構成される．なお，ガス給湯暖房機として，エコジョーズを採用している．

また，主な仕様を表8.1に示す．ここで，特徴的なのは，ヒートポンプの消費電力の少なさ（ヒートポンプ効率の高さ）と，システムとしての給湯一次エネルギー消費効率の高さである．前述の一般的なエコキュートの一次エネルギー消費効率に比べて，優れていることがわかる．この効率の高さについては後述する．

表8.1 エコワンの主な仕様

		シングルハイブリッド給湯・暖房システム		
ガス給湯暖房機	代表型式	RHBH-RJ245AW2-1		
	外形寸法	高さ720×幅474×奥行261（mm）		
	ガス消費量（同時）	57.8 kW		
	ガス消費量（給湯）	44.2 kW		
	ガス消費量（暖房）	13.7 kW		
	熱効率	給湯：95.0，暖房：87.0（％）		
タンクユニット	代表型式	RTU-R1002		
	外形寸法	高さ1,750×幅365×D474（mm）		
	タンク容量	100（L）		
	使用圧力	最高0.48，通常0.39（MPa）		
ヒートポンプ	型式	RHP-R222		
	冷媒	R32		
	外形寸法	高さ690×幅755×奥行297（mm）		
	沸上温度（45℃時）	中間期	夏期	冬期
	加熱能力	2.6（kW）	2.6	2.5
	消費電力	480（W）	393	510
給湯一次エネルギー消費効率（年間）		138％[*1]		

[*1] 財団法人建築環境・省エネルギー機構住宅事業建築主の判断基準（6地域）を参考.

8.4.1 エコワンの作動原理

(1) 給湯運転作動原理

図8.15に，エコワンの給湯運転の作動原理を示す．

① ヒートポンプの冷凍サイクル内で大気の熱を吸収して，冷媒を加熱する．

② ヒートポンプに搭載した給水循環ポンプが駆動し，タンク内の水を循環させる．

③ ヒートポンプ内の給湯水冷媒熱交換器で，冷媒の熱によって，循環するタンクの水を加熱し，タンクに温水を貯湯する．

④ 給湯の際は，タンクに設定温度以上の温水が貯まっていれば，給湯混合弁が給水とタンクの温水を設定温度に混合して出湯する．

⑤ シャワーや風呂への湯張りなど多量に湯を使用して，タンクの温水を使用してしまった場合は，ガス給湯暖房機にてガスを燃焼させて，設定温度にな

8.4 ハイブリッド給湯・暖房システム「エコワン」の開発

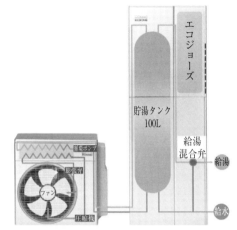

[ヒートポンプユニット]　　[タンクユニット]

図 8.15 エコワンの給湯運転作動原理（ヒートポンプによる給湯）

るようにガス消費量を調節して出湯する．

(2) 暖房運転作動原理

エコワンの暖房は，図 8.16 に示すように，床暖房などの温水暖房端末に温水を循環させて，部屋を温める温水暖房と称されるタイプである．

図 8.17 に，エコワンの暖房運転の作動原理を示す．

① ユーザーが床暖房リモコンのスイッチを ON にすると，ガス給湯暖房機内の暖房ポンプが駆動し，温水暖房端末とエコワンの温水回路を循環させる．

② ヒートポンプの冷凍サイクル内で大気の熱を吸収して，冷媒を加熱する．

③ ヒートポンプ内の暖房水冷媒熱交換器で，冷媒の熱によって，循環する暖房温水を加熱する．

④ 部屋が暖まっている場合は，ヒートポンプのみで暖房運転を行う．

⑤ 冬の朝一番の部屋の温度が低い場合には，大能力のガス給湯暖房機で急速暖房を行い，部屋を短時間で暖める．

ヒートポンプは，高効率に暖房温水を加熱することができるため，ヒートポンプのみで暖房する場合は，非常に省エネとなる．

つまり，エコワンはヒートポンプの省エネ性とパワフルなガスの快適性を兼

第8章　未来型家庭用ガス給湯器

ファンコンベクタ　　　　　　　　　　　　　　　　パネルヒーター

床暖房

浴室暖房乾燥機（ミストサウナ付）　　　　　　浴室暖房乾燥機

図 8.16　エコワン暖房端末の組み合わせ

［ヒートポンプユニット］　　［タンクユニット］

図 8.17　エコワンの暖房運転作動原理
（ヒートポンプとガス給湯暖房機同時運転による暖房）

ね備えたシステムである．

ところで，ハイブリッド給湯・暖房システム「エコワン」には，2つのタイプが存在する．1つは，8.4.1（1）項の給湯運転作動原理に従って，ヒートポ

ンプの熱を給湯に使用し，暖房はエコジョーズによるガスのみで運転するタイプ（シングルハイブリッドと呼ぶ）と，もう1つは，ヒートポンプの熱を給湯だけでなく，8.4.1 (2) 項の暖房運転作動原理に従って，暖房にもヒートポンプの熱を利用するタイプ（ダブルハイブリッドと呼ぶ）である．

8.4.2 新冷媒 R32

エアコンなどの空調機器はフロン冷媒を採用しており，エコワンも同じフロン冷媒を採用している．その理由は，① エアコンで搭載している要素部品をエコワンにもそのまま使用することで，信頼性が高く価格面で優位な商品となることと，② エアコンの効率向上技術をエコワンのヒートポンプ技術に応用することで，エコワンのモデルチェンジごとにヒートポンプ効率を向上できることである．

エコワンは，当初フロン系冷媒のR410aを採用していたが，最新モデルより，冷媒としてR32を採用した．R410a冷媒は，その成分の半分がR32冷媒であるので，R32冷媒の基本サイクルもR410aと同等で高効率である．

R32冷媒とは，オゾン層破壊係数がゼロで，さらに地球温暖化係数が675であり，R410a冷媒の地球温暖化係数2,090の約1/3と低い．また，R32冷媒は次世代冷媒として注目を集めており，空調業界では世界標準化が進められている．

国内の空調業界がR410a冷媒からR32冷媒に移行している流れに乗り遅れないよう，エコワンの冷媒もR32を採用することとした．

8.4.3 エコワンの省エネ性

エコワンの省エネ性向上のためには，ヒートポンプ自体の効率を向上することと，ヒートポンプの運転時間を多くし，ガスの出現頻度を必要最小限まで下げること（電気比率の向上）が必要である．

(1) ヒートポンプの高効率化

エコワンの最大の特長は，フロン系冷媒を用いて，高効率な低温沸かし上げのヒートポンプ運転を採用したことである．図8.18は横軸にヒートポンプ温水沸上温度，縦軸にヒートポンプの効率係数（COP）を示し，ハイブリッド給湯器で採用されているフロン系R410a冷媒とエコキュートで用いられてい

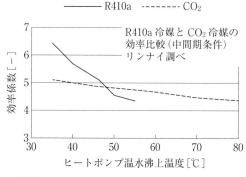

図 8.18 ヒートポンプ沸上温度と効率の関係

る CO_2 冷媒のおのおのの定常状態での効率を，著者らが中間期条件（乾球温度 16℃，湿球温度 12℃，給水温度 17℃）にて，測定した結果をプロットしたグラフである．R410a 冷媒と CO_2 冷媒の効率を比較すると，45℃以下の低い沸上温度で R410a 冷媒は非常に高い効率を示すことがわかる．表 8.2 にエコワンの最新モデルの 45℃沸かし上げ時のヒートポンプの各季節条件での加熱能力と効率係数（COP）を示す．

低温で沸かし上げることは非常に高い効率を示すが，1 日の一般家庭での給湯使用量は，400L～600L であり，この 1 日の給湯使用量を低温でタンクに貯めようとすると，タンクが大型化し住宅への設置が困難となり，またお湯が不足する恐れがある．そのため，ガス給湯暖房機にてバックアップし，ガスと電気を併用することで，お湯の不足を解消した．

(2) 電気比率の向上

前項でタンクの大型化やお湯の不足の恐れを解消するために，ガス給湯暖房機でバックアップすることを説明したが，不必要にガス給湯暖房機が運転すると，エコワンの省エネ性が損なわれる．そのため，ガス給湯暖房機の運転時間

表 8.2 ヒートポンプユニット性能比較表（R32 冷媒）

性能	中間期	夏期	冬期	
加熱能力	2.6 kW	2.6 kW	2.5 kW	中間期条件：乾球温度 16℃，湿球温度 12℃，給水温度 17℃ 夏期条件：乾球温度 25℃，湿球温度 21℃，給水温度 24℃
COP	5.4	6.6	4.9	冬期条件：乾球温度 7℃，湿球温度 6℃，給水温度 9℃

を最小限まで下げる必要がある．

電気比率を向上させるためには
① 設置に影響を及ぼさない範囲で，タンク容量を大型化し蓄熱量を大きくする．
② 給湯使用の直前にタンクの蓄熱を最大とする必要がある．

エコワンのタンクとして，設置面積を極力小さくするために，細長タイプの100Lタンクを採用した．エコワンに学習制御を搭載し，1日の給湯の使用される時間帯を予測して，給湯使用直前にタンク蓄熱を最大としている．

また，省エネ湯張りのエコモードを採用し，湯張り時間を少し長くして，ヒートポンプで作ったお湯を積極的に使って，電気比率を向上させることを行った．

(3) 給湯年間一次エネルギー消費効率

エコワンの省エネ性を示す指標として，給湯年間一次エネルギー消費効率と暖房一次エネルギー消費効率を用いている．これは一般家庭で想定される1日の給湯運転モード，暖房モードに従って，エコワンを運転させることで，使用されるガス消費量と電力消費量を，1年間に展開した場合の平均の一次エネルギー消費効率である．

図8.19に示すように，著者らが測定したエコワンの給湯年間一次エネルギー消費効率は138%である．エコジョーズの一次エネルギー消費効率は88%なので，エコワンはエコジョーズに対して効率が1.5倍以上になっている．

図8.20に示すように，著者らが測定したエコワンの暖房一次エネルギー消

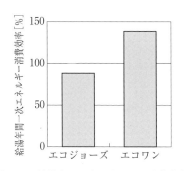

図8.19 給湯年間一次エネルギー消費効率

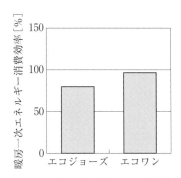

図8.20 暖房一次エネルギー消費効率

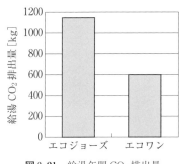
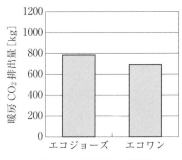

図 8.21 給湯年間 CO_2 排出量　　図 8.22 暖房 CO_2 排出量

(年間給湯負荷 4.03 Gcal, CO_2 排出係数 LPG：6.0 kg-CO_2/m^3, 電気：0.43kg-CO_2/m^3, 財団法人建築環境・省エネルギー機構住宅事業建築主の判断基準（6 地域）を参考)

費効率は 97％である．エコジョーズの一次エネルギー消費効率は 79％なので，エコワンはエコジョーズに対して効率が 23％向上している．特に給湯において，一次エネルギー消費効率が高い．

(4) 環境性

エコワンは省エネ性に加えて環境性にも優れる．地球環境保全に貢献するためには，給湯運転時に発生する CO_2 排出量を低減する必要がある．

図 8.21 に，エコワンの年間給湯の CO_2 排出量を示す．CO_2 排出量は，エコワンおいて 600 kg まで削減した．エコジョーズの CO_2 排出量は 1,140 kg なので，エコワンはエコジョーズに対して，CO_2 排出量が約 50％削減している．

図 8.22 に，エコワンの暖房 CO_2 排出量を示す．暖房 CO_2 排出量は，エコワンおいて 690kg まで削減した．エコジョーズの CO_2 排出量は 780 kg なので，エコワンはエコジョーズに対して，CO_2 排出量が約 12％削減している．

(5) 経済性

電気とガスのハイブリッド運転をすることで高い省エネ性を実現したエコワンは，図 8.23 に示すように，エコジョーズに比べて，給湯光熱費を年間約 4.5 万円削減することができる．図 8.24 に示すように，エコジョーズに比べて暖房光熱費を約 1 万円削減することができる．

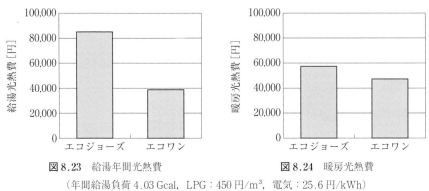

図 8.23 給湯年間光熱費　　　　図 8.24 暖房光熱費
(年間給湯負荷 4.03 Gcal, LPG：450 円/m³, 電気：25.6 円/kWh)

8.4.4 エコワンのまとめ

ガス給湯器は，エコジョーズにより給湯・暖房の高効率化を図ったものの，ガス燃焼で温水を加熱するタイプの給湯器では，一次エネルギー消費効率は理論上 100% を超えることができない．

そこで，フロン系冷媒で水を低温で沸かし上げることによって非常に高い効率を示すヒートポンプと，低温で沸かし上げた温水を貯める小型のタンクと，バックアップのガス給湯暖房機を組み合わせたエコワンを開発し，給湯一次エネルギー消費効率 138% を達成することができた．

8.5 ガス給湯器の将来

8.4 節までは，現在までのガス給湯器の説明をしてきたが，ガス給湯機の今後の動向を概観する．

8.5.1 バーナーの進化

現在，北米カルフォルニア州では，NO_x 濃度が 30 ppm 以下という超低 NO_x 規制が始まっている．この規制は日本国内のガス給湯器で主流の濃淡燃焼バーナでは達成できないため，セラミックバーナーによる全一次燃焼バーナーにて対応している．全一次燃焼バーナーは，燃焼に必要な酸素をすべて一次空気と

図 8.25　セラミックバーナー

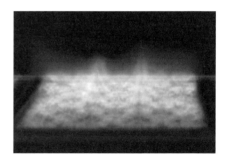
図 8.26　セラミックバーナー燃焼写真

してファンで供給しあらかじめ混合して燃焼させるものである．図 8.25，図 8.26 は，このセラミックバーナーと，燃焼火炎の写真を示す．

　日本国内も海外の大気汚染の規制の流れを受けて，今まで以上に低 NO_x 規制が強化される可能性もある．その際には，ガス給湯器は，全一次燃焼バーナーへ移行する可能性がある．

8.5.2　エコワンの将来

　省エネ機器の導入により減少した住宅のエネルギー消費量が，太陽光発電などの創エネによって作り出されたエネルギーと等しいか，より少ない住宅を，ゼロエネルギーハウスと呼ぶ．国はこのゼロエネルギーハウスの普及を推進している．

　給湯分野においては，エコワンは最もエネルギー消費量が少ない給湯設備の 1 つであるので，そのためゼロエネルギーハウスの給湯設備として，住宅メーカーへの採用が増加傾向にある．

　暖房分野においては，暖房のエネルギー消費量を低減するためには，住宅の高断熱化が有効である．そのため，住宅メーカーは高断熱住宅の積極的な販売に取り組んでおり，将来もさらに高断熱化が推進される．その結果，住宅の暖房負荷は著しく低下し，ガス給湯暖房機の床暖房では部屋が暖まりすぎてしまう住宅も出現する可能性は非常に高い．このような住宅へは加熱能力がガスより低いが，省エネ性が高いヒートポンプによる主暖房，特にヒートポンプ温水床暖房が有効である．ハイブリッド給湯・暖房機「エコワン」には，ヒートポ

ンプの熱を給湯だけでなく，暖房にも利用できるダブルハイブリッドタイプもラインナップしているので，将来の高断熱住宅には普及が見込まれると考えている．

また，2016 年に電力の全面自由化が行われ，続いてガスの全面自由化が行われる．この時点でさまざまな会社が，電力事業およびガス事業に参入すると思われ，これまでにない複雑な電力・ガス料金体系が乱立すると予想される．

ハイブリッド給湯・暖房システム「エコワン」は，電気で動くヒートポンプとガスで運転する給湯器の 2 つの熱源をもっていることが特徴である．これら自由化によって乱立する料金体系に合わせ，電気が得か，ガスが得かを考えて，得な方でシステムを動かすポテンシャルをもつ唯一のシステムである．この特徴を生かして，電力とガスの自由化時代に対応することが大事である．

8.6　お わ り に

これまでガス機器製造メーカーとして発展してきた企業は，エコワンを開発・販売することによって，ガス以外のエネルギーも利用した商品を製造するメーカーに変化しつつある．これからも「熱」を通じて，「快適な暮らし」を社会に提供できる商品を開発していくことになろう．

[参考文献]
1)　地球温暖化対策大綱の評価・見直しに関する中間取りまとめ，p. 14，中央環境審議会，平成 16 年 8 月
　　https：//www.env.go.jp/council/toshin/t06-h1603/mat00.pdf

9 波長制御放射加熱システム

9.1 はじめに

　本章では，主として赤外線を用いた熱処理について最近の動向を記載する．さまざまな分野の製造ラインにおける各種熱処理工程において，赤外線は従来から広く用いられており，その多くは面状のセラミックヒータをコア技術とした，通称，遠赤外加熱方式である．当該セラミックヒータは，広い波長域にわたって高い放射率を実現することから，遠赤外加熱方式は，ある程度完成された技術ととらえられてきた．しかし，一方で最近では，より特定の波長域の赤外線のみを用いて熱処理する，いわゆる波長制御熱処理の可能性についても，各種研究開発が進められている．

　目的とする熱処理の具体例としては，たとえば各種塗布膜の高速乾燥等が考えられる．食品や化粧品および薬品等の原料，またLED・有機EL等の光学素子，周辺部材の製造において，コーターやインクジェットでの塗布後の精密乾燥が重要視されてきており，印刷・乾燥により半導体等のパターンを形成する技術については，プリンテッド・エレクトロニクスといった名称も一般化している．当該分野において，塗布物は主成分（高分子）と溶媒が混合されたスラリーと呼ばれる溶液が主体で，基材には金属箔や樹脂フィルムが用いられる．塗布後のスラリーは，迅速かつ均一に乾燥されることが望ましく，不適切な乾燥条件下では乾燥後の製品性能が著しく劣化し，商品としての価値を逸してしまう．

　また，各種二次電池等の電極製造工程においても，たとえば，リチウムイオン電池正極材用のスラリーは，リチウム化合物などの活物質を主成分として，

それに溶媒として N-メチル-2-ピロリドン（NMP），さらにはバインダーなどを混合したものであるが，不適切な条件下では，乾燥過程でバインダーが膜表面側に析出（マイグレーション）し，電池性能が劣化する．

こうした乾燥工程では，従来に増して条件が厳しく吟味され，従来方式のままではより以上の効率化が不可能な場合も散見される．冒頭で述べた波長制御についての研究開発も，そのような製造業界からの要請がモチベーションとなっている．

9.2　従来における赤外線加熱と波長制御

赤外線とは，波長にして概ね 0.75 μm～30 μm の範囲の電磁波のことをいう．高分子有機物等，多くの材料は赤外線を速やかに吸収し熱に変換する性質があるため，赤外線は通称熱線とも呼ばれ，それを用いた加熱方式は有効である．さらに，赤外線放射源と被加熱物の間に媒体を必要としない，もしくはクリーン環境を保ちやすい等の大きな特色を有する．その放射源は前述のように，セラミックヒータと呼ばれる面形状のものが主流であった（**図 9.1**）．

基本的に，抵抗体としてのニクロム線をアルミナ等のセラミック材質でモールドした構造となっており，電圧を印加するとニクロム線のジュール発熱によりセラミック表面が高温化（200℃～600℃程度）し，その結果セラミック表面から多量の赤外線が放射される．また素材特性として，表面の分光放射率は 4

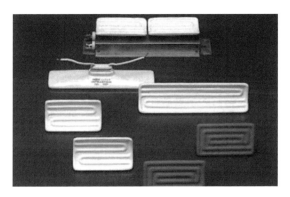

図 9.1　セラミックヒータ

9.2 従来における赤外線加熱と波長制御

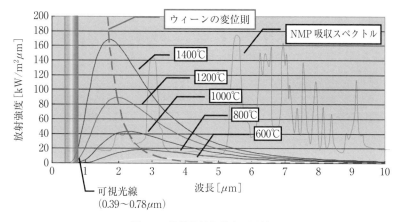

図 9.2 放射波長と強度の関係

µm〜10 µm の波長域で通常高い水準にあり，平均で 0.8 を上回るケースも多い．

図 9.2 に，任意温度の黒体より放射される電磁波のスペクトルと，前述した溶剤 NMP の吸収スペクトルの相関を提示する．図中の釣鐘型のグラフ群が，一般的にプランク分布と呼ばれる，任意温度における量的に最も理想的な放射スペクトルである．横軸は波長，縦軸は単位面積当たりの放射エネルギーである．前記セラミックヒータの放射スペクトルは，4 µm〜10 µm の波長域で，そのプランク分布に準ずる（灰色体型）形状となる．

図 9.2 に示したプランク分布型の放射に対して，逆に，ある特定の波長のみを放射させる技術が「波長制御技術」であるといえるであろう．たとえば，NMP の吸収スペクトルを見ると，必ずしも連続的ではないので，特定の波長のみ放射する方が効率的であると思える．ここで，そうした技術の代表的事例というと，まずレーザーが思い浮かぶであろうし，さらには近年では金属面に微細孔加工等を施した，いわゆる「メタマテリアル」による放射体自体による波長制御やフォトニック結晶等の報告事例が増加している[1]．しかしながらそれらはみなコスト的に高価であり，さらに現状では大面積の放射体を製作するのが非常に困難なものばかりである．多孔質石英を光学フィルターとして，太陽電池の光源を波長制御した精緻な研究事例も報告されているが[2]，これも大

面積では施工困難である．そこで本章では，大量生産を前提とした熱処理工程に速やかに適用しうる技術という観点から，赤外線ヒータと各種光学フィルターを組み合わせた形での波長制御を提案する．

9.3 乾燥工程への適用上の従来型赤外線ヒータの問題点

赤外線加熱は広く普及した方式であるが，前述のスラリー乾燥分野等に限ってみると，そこではまだ大半の場合熱風方式が用いられており，赤外線が積極的に取り入れられているとはいい難い．その理由の一部は，図9.2の原理により説明される．図9.2によれば，放射体の温度が高くなればなるほど，主放射波長は短波長側に推移し，同時に単位面積当たりの総放射エネルギーは飛躍的に増大する．赤外線の中で，工業上 $3\mu m$ より短い波長域の電磁波を近赤外線と呼ぶが，この領域の電磁波は，以上の議論によれば，放射体の温度を上昇させることにより，小面積の放射体から大エネルギーとして取り出せることになる．

一方で，赤外線加熱の目的として，放射体からの放射波長と被加熱物の吸収波長を一致させることにより，加熱効率の向上を図るというものがある．前述のNMPをはじめ溶剤や高分子等は，図9.2に示したように $5.5\mu m$ より長い遠赤外線域に明瞭な吸収ピークを有していることが多いため，セラミックヒータのような灰色体型放射では完全に合致させるのは困難だとしても，概ねこの領域を照射するのが効率的であるように思える．しかしながら，当該領域を主要放射域とする放射体の温度は，実は200℃を下回ることになる．ヒータをその温度で使用する場合，図9.2からも明らかなように，単位面積当たり放射エネルギーが小さすぎ，相当の面積（もしくは個数）で設置しないと，明瞭な加熱効果をもたらさない．多くの場合，効率低下を犠牲にしてヒータ温度を上げざるを得ないが，今度はその「ヒータ温度」がプロセスにおける被加熱物発火等の危険性を増大する．以上のトレードオフ現象が，乾燥工程に赤外線加熱が積極的に用いられてこなかった要因のひとつである．引火性の揮発溶剤が介在する乾燥工程等では，前述の200℃といったヒータとしては比較的低温ともいえる温度でさえ大きく安全基準を超えるといったケースは珍しくない．放射と

吸収の波長合致は意外に困難である．

9.4 近赤外線の利用

　以上の問題点の解決手段の一例を紹介する．まず図9.2において，NMPの吸収スペクトルの中で近赤外域の3μm付近のピークに着目する．これも溶剤や高分子に広く見られるもののひとつだが，主として分子中のO-HおよびN-H伸縮振動に起因するものである．この振動モードは多くの場合，液相溶剤の分子間水素結合に関係する．蒸発という現象はすなわち水素結合の解消であるという見方もできるため，当該波長域の電磁波吸収は他の波長域の吸収よりも温度に依存せず，蒸発・乾燥を促進する可能性が高い．ただ問題となるのはやはり放射体の温度で，3μmの赤外線を相当量放射する放射体温度は最低でも700℃であり，乾燥工程ではそもそも考慮対象外の波長域であった．

　今回結論的には，遠赤外域の吸収を考慮せず，その近赤外域に放射波長をフィックスすることで新方式が成立したのだが，ここでヒータについて放射上の表面と構造上の表面とを切り分けて考えることが重要になる．

9.5 近赤外選択型波長制御ヒータの原理

　図9.3に新たな赤外線ヒータの基本構造を示す（以下近赤外選択ヒータと表記する）．図9.3（a）は，当該ヒータの最も基本的な形状である．

　現在すでにシステムとして実用化され各所で運用が開始されているものだが，基本的にはフィラメント状の放射体を多重の石英管で取り囲み，その石英管間の一部をエアで冷却する構造である．ヒータ長は200〜1500mm程度まで任意に製作可能である．図9.3において，フィラメントが前項で述べた放射上のヒータ表面，石英管面（最外部のもの）が構造上の表面となる．ここで，放射体がタングステンであり，石英管が単管で冷却がないものは一般的に「近赤外線ランプヒータ」の名で広く市販されている．ただし当該ヒータは近赤外線ヒータと呼ばれているものの，たいていの場合，遠赤外線も相当量放射している状態での使用を余儀なくされる．

第9章 波長制御放射加熱システム

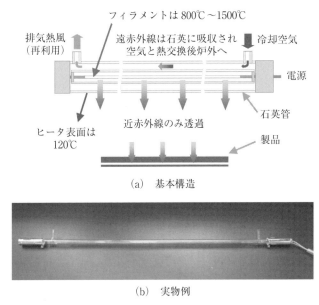

(a) 基本構造

(b) 実物例

図 9.3 近赤外選択ヒータ

図9.3 (a) におけるエネルギーの流れを説明する．まず，放射源であるフィラメントに電圧を印加して相当温度に保つと，近赤外域にピークをもつ灰色体型の放射が生ずる．この時点では遠・近赤外線の双方が放射されている．フィラメントを囲む石英管は特徴的な光学フィルターとしての特性をもっており，概ね3.5μmより短波長側は90％以上透過し，長波長側は逆に大部分吸収する．したがって，フィラメントからの放射エネルギーのうち3.5μmより短い領域（近赤外線主体）は，石英管を透過しヒータ外部に放射され，被加熱物に照射される．逆に3.5μmより長い領域（遠赤外線主体）は石英管に一旦吸収され，石英管温度を上昇させる．

従来型のランプヒータでは，この温度上昇を制御するすべがないため石英管温度は使用状況に応じた成り行き温度になってしまう（放射表面と構造表面の切り分けが十分でない）．高断熱性の炉内で用いられる場合等，当該石英管温度は800℃以上になる場合もある．ともあれ従来型では石英管温度の高温化は不可避であり，通常，安全温度から大きくかけ離れてしまう．さらに高温化し

9.5　近赤外選択型波長制御ヒータの原理

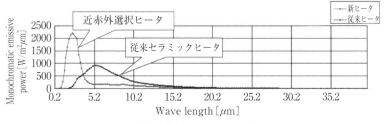

(a)　放射スペクトル比較

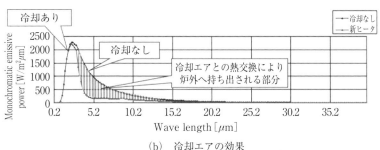

(b)　冷却エアの効果

図 9.4

た石英管からは相当量の遠赤外域の二次放射が生じることになるが，当該二次放射は被加熱物以外の炉内各部を不必要に高温化させる懸念もある．

　一方，近赤外選択ヒータは石英管を選択集中的に冷却しているため，管の温度制御について柔軟性が高い．すなわち放射上の表面温度は高くとも，構造上の表面温度は低温に維持することができる．エネルギー収支としては，一旦石英管に吸収させた遠赤外域の放射エネルギーを流体（エア）との熱伝達により低温の熱エネルギーに変換した後，加熱系外に取り出す形になる．石英管温度は低温化し，その効果により，当該管からの二次放射も無視できるレベルにとどまる．結果的に加熱系（乾燥炉）内は低温に保たれ，かつ近赤外域の放射エネルギーのみが残される．総じて下記の3項目への着目がシステムの成立を可能にしている．

・大放射エネルギーの確保が容易な波長域 ⇒ 短波長域
・効率的な冷却方法 ⇒ 細線フィラメント ＋ 多重管
・主要放射波長域とその効果 ⇒ 近赤外線による蒸発促進

図 9.4 (a) に, 近赤外選択ヒータと従来型遠赤外線セラミックヒータの同等総放射エネルギー時における放射スペクトルの相違を示した. 近赤外選択ヒータの方がより狭い領域に放射波長を絞り込めている様子がわかる. また図 9.4 (b) に, 冷却エアによって炉外に持ち出されるエネルギー領域のイメージを示した. 従来型のランプヒータの放射スペクトルは図 9.4 (b) 中の上側の線に近い形状になる.

図 9.4 における近赤外選択ヒータの放射スペクトルは線スペクトル的ではないが, 水分乾燥等においては逆にこの程度のブロード放射が有効である可能性が高い.

9.6 ハード機構等

近赤外選択ヒータは主として乾燥炉内に所定間隔で設置されることを想定しており, ほぼ次の 3 項目によって制御される.
① ヒータ 1 本当たりの投入電力
② ヒータ 1 本当たりの冷却エア量
③ ある閉空間内のヒータ密度 (設置ピッチ)

上記のうち, 閉空間内波長分布を決定するのは主として①および③の組み合わせである. ヒータ 1 本当たりの投入電力を大きくすればフィラメント温度が上昇し, すなわち放射波長は短波長側に移行するが, 同時にヒータ 1 本当たりの総放射エネルギーも増大してしまうので, それをヒータの設置密度で調節する. 設置したヒータのうち使用する本数を限定することも考えられる. これらの設定を適切に行うと, ある閉空間内への投入電力を一定にしたまま当該空間内放射のメイン波長を $1.5 \sim 3.5\,\mu m$ の範囲で調整することが可能になる. 図 9.5 に, 近赤外選択ヒータを設置した連続搬送型乾燥炉の実例を示す (加熱長 6 m).

一方, 炉内の各部温度, なかでもヒータ構造上の表面温度 (石英外管温度) を制御するのが②になる. そこは実質的な揮発溶剤との接触面であり, それをできる限り低温制御することが安全上のポイントである. 温度制御能力は使用条件によっても若干異なるが, ヒータ 1 本当たり冷却エアの流量が 200 L/min

図 9.5　近赤外選択ヒータ乾燥炉

程度の場合，概ね 120℃ 程度，状況によっては 100℃ 以下も可能である．ただし，石英管温度および冷却エア流量等の監視系および各種インターロック機構を確実に装備すべきである．

9.7　近赤外波長制御の効果

　従来の遠赤外加熱方式では熱風方式に対して乾燥速度の上昇が見られた場合，それは塗布膜温度の早期上昇に起因していた場合が多い．しかしながら近赤外選択ヒータのもとでは，実験室レベルではあるが，（熱風のみの場合に比べ）同等膜温度の条件下においても明らかに乾燥が促進される現象が確認されている．このことは各種乾燥プロセスにおける処理温度低温化の可能性を示唆するものである．9.3 節で述べた事項も関係すると思われるが，メカニズムはまだ厳密に解明されていない．ともあれ基材の耐熱性が小さい場合のスラリー高速乾燥等を実現する場合において今後有効な技術となるであろう．ただし，温度測定方法の妥当性検証も同時になされるべきである．特に PET フィルム等の近赤外線透過性基材上に塗布されたスラリー乾燥工程では，照射された近赤外線が溶剤のみに選択吸収される現象も考えられるので，より大きな効果が期待できる．また冒頭に述べたバインダーマイグレーションの抑制についても一部効果が確認されているが，それには単純に波長効果のみならず適切なヒータ配置による段階的エネルギー供給プロセスの構築が必須事項となる．

　省エネルギー性については，ヒータ冷却によるエネルギーロスを懸念される向きもあるが，当該冷却エアは乾燥炉内の揮発溶剤の掃気用に再利用が可能で

あるので，システムとしてロスを最小限にできる．また省エネルギー性評価については，本システムを用いることによる生産性の向上効果もしくは処理温度低下による製品ダメージの低下（ひいては性能向上）等の付加価値等を総合的に考慮の上なされることが望ましい．

9.8 波長制御

本技術はメタマテリアル等の微細加工技術群と比較して，その各構成素材としては既存技術の範疇内であり，ここまでに記載した範囲では波長選択と定義する方が正確である．一方で数～数10mサイズの広い空間を対象領域とするのは大きな特徴であり，大空間波長制御の一例という見方が可能である．また，流通性の高い素材の使用は装置コストを比較的低く抑えられるという点ではメリットがある．

やや物理学的な見地からいうと，乾燥炉内のように断熱壁に囲まれた閉空間内部は，一般的に放射平衡状態（炉内各部の温度が均一になった状態[3]）に移行しやすい．もとより多くの遠赤外線加熱炉等はその性質を利用し，温度均一性を重視した平衡型の加熱炉を設計主眼としてきた．あまり意識されない事象なのだが，この放射平衡となった閉空間内ではキルヒホッフの法則が導かれる過程の考察[4]に基づけば，その波長分布は（均一な）壁面の温度のみに依存し，材質に依存しない．すなわちある定められた温度のもとでマクロ的には，波長制御が不可能になる．したがって閉空間中の波長を任意に制御しようとすると，意図的に当該空間を非平衡状態にしなければならない．非平衡状態とはすなわち，閉空間中に温度差が生じた状態である[5]．

近赤外選択ヒータを用いると，ヒータのフィラメントは1000℃超，炉内壁は100℃程度というように，同一空間内で極端な温度差を生ぜしめることが可能である．前述したように，多重管を用いた局所冷却性の高さがその実現に大きな役割を担っている．この温度差による強いふく射非平衡性が起因となり，大スケールの閉空間内で波長の非プランク分布が実現する．たとえば閉空間内の平均温度が100℃の場合，理論的には当該空間内放射のメイン波長は$8\mu m$弱となるはずだが，本ヒータを用いることでそれを$2\mu m$以下にも調整可能で

ある.

9.9　遠赤外波長域における波長制御

　以上は主として近赤外域に特化した波長制御技術について記載したが，遠赤外域に関しても基本的に同様の考え方で放射を選択的に取り扱うことが可能である．ただしたとえば 6 μm の波長域を考える場合，それをメイン放射波長とする黒体の温度は約 200℃ となる．したがって放射源となる発熱体素材は，高温化しやすいフィラメント形状ではなく，低温での大面積放射が可能なフラット形状であることが望ましい．また光学フィルターについても当然ながら石英とは逆の透過特性を要求される．図 9.6 に灰色体型スペクトルをもつ赤外線ヒータからの放射を複数の光学フィルターによって制御した結果の FTIR 測定値を示す．

　ここでは 3 μm 付近および 5.5〜9 μm の 2 領域の赤外線を選択している．フィルターの透過特性によって他の波長域の赤外線に着目することも可能であり，遠赤外域のみの限定も可能である．当該フィルターの材質としては高屈折率素材の薄膜積層により実現可能であることが判明しているが，耐熱性や（面全体の均一な）冷却方法等，今後解決すべき問題は多い．もとより近赤外選択ヒータの場合と比較すると，圧倒的に単位面積当たりの放射エネルギーが小さい領域での波長制御となるため選択後のふく射エネルギーの定量把握も重要で

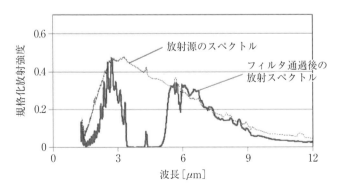

図 9.6　遠赤外域波長選択例

ある．それにはやや複雑なエネルギー収支計算が必要となる[5]．

9.10 波長制御ヒータを用いた解析技術

以上のように本技術はヒータ単体の放射特性のみで完結するものではなく，ヒータ配置を含めた空間構成如何により熱処理効果は大きく変動する．特に近赤外選択ヒータについては，定常的に炉内を非平衡状態に保てるか等，むしろ空間構成の方法論が技術の本質部分ともいえる．それらの普遍的な理論背景としての解析技術についていくつかを記載する．

9.10.1 ふく射要素法

本章冒頭にて多くの材料が赤外域に吸収帯を有しており，それが赤外加熱の有効性の根拠と記載した．解析上も当然吸収スペクトルを考慮する必要があり，その場合FTIR等の分光吸収率は重要な指標であるが，測定対象物の厚みに依存するという難点がある．したがってせっかく測定データがありながら，解析にそのままで使用できないということも往々にしてある．さらには赤外線は塗布層内部で減衰しながら吸収されるため吸収の総値ではなく，層厚み方向での波長別吸収位置を求めたいという要請もある．そうした状況での解析方法としては，光伝播解析の他，ふく射要素法が有効になる．

図9.7にふく射要素法による塗布層内の赤外線の吸収の概念を記載した．図中の記号sが塗布層（たとえば前記NMP）の厚み方向距離に相当し，簡単のため当該方向の座標1次元で考える．$G(s)$は層内部でのふく射エネルギー流束[W/m^2]である．CVは（長さΔSの）コントロールボリュームを意味する．

$G(s)$は層中での吸収により減衰するが，同時に層構成物質による再放射が行われ，両者の和が進行方向への新たなエネルギー流束となるというのが同法の主要な考え方である（式(9.1)）[6]．

$$\frac{dG_\lambda(s)}{ds} = -\alpha_\lambda G_\lambda(s) + \alpha_\lambda E_{B\lambda}(s) \tag{9.1}$$

式(9.1)をふく射輸送方程式といい，各波長λにおいて成立する．1次元解析の場合は，式(9.1)のsの方向として，正負の2方向を考えればよい[7]．

9.10 波長制御ヒータを用いた解析技術

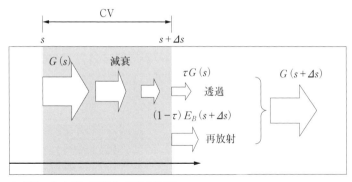

図 9.7 ふく射要素法の考え方

式 (9.1) 右辺第 2 項が位置 s における自己放射項であり，$E_B(s)$ は黒体放射エネルギーである．より一般の場合は，式 (9.1) 右辺にさらに散乱項が加わる．式中 α は，図 9.7 の τ （減衰率）と s 方向の微小距離を ΔS として

$$\tau_\lambda = \exp(-\alpha_\lambda \Delta s) \tag{9.2}$$

という関係がある．α は吸収係数といい，[1/m] の次元をもち，物性値と見なし得る．ふく射輸送方程式を解く場合ネックとなるのがこの α の決定であり，測定値として開示されている吸収スペクトル（たとえば図 9.5，厚みに依存）から α （厚みに依存せず）を導出するためにやや面倒な計算が必要となる．そのための手法の一例が報告されている[8]．α が一度決定された場合，層厚み内のエネルギー方程式と式 (9.1) との連成により精度の高いふく射解析が実現する．

9.10.2 光伝播解析

前項でふく射要素法による解析方法を述べたが，そこで必要となる吸収係数を算出するためのスペクトル測定データは十分ではない．単独物質については近年データベース化されてきている（産総研 SDBS 等）が，混合物となると測定データは皆無に等しい．図 9.1 の被加熱物における塗付層は，前述のように，粒子・溶剤・バインダー等の混合物（ペースト）である場合が多い．そこでそうした塗付層をモデル化し，光伝播解析により当該層の反射，吸収率を求

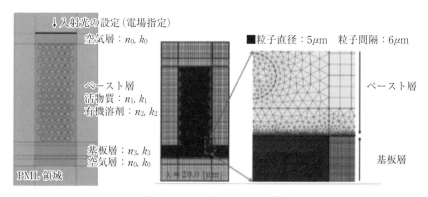

図9.8 モデル化とメッシュ構成

める試みを実施した．図9.8に解析モデルとそのメッシュ構成を示す．解析については市販コード COMSOL Multiphysics を用い，離散化は有限要素法を用いて2次元で実施している．

図9.8のモデルは，基板および100 μm の厚みの塗布層（直径5 μm の球状粒子と溶剤の混合ペースト）をイメージしている．基板はAl等の金属である．塗布層中の粒子は金属酸化物，溶剤は前述のNMPを想定した．物性値については，粒子および溶剤おのおのの吸収スペクトルのデータより前述の吸収係数 [1/m] を逆算し，さらにそれを

$$a_\lambda = \frac{4\pi k_\lambda}{\lambda} \tag{9.3}$$

の関係より消衰係数 k（複素屈折率の虚数成分）に変換している．式（9.3）中の λ は同様に波長 [m] である．

塗布層に上部から1～20 μm の赤外線を波長別に照射し，定常状態における層内の紙面に垂直方向の電場分布を解析した．当該解析により，入射光強度に対する吸収エネルギーの比も算出されるため，それぞれの波長における層の分光反射，吸収率の推測が可能になる．4種類の波長に対する解析結果を図9.9に示す．また，各波長における分光吸収率の値は下記のとおりであった．

1 μm：0.09，3 μm：0.45，10 μm：0.75，20 μm：0.82

解析結果によれば，塗布層内粒子の波長に対する相対粒径に依存し，層内電磁波の定常状態も大きく異なっている．粒径に対して波長が短い場合は，反射

9.10 波長制御ヒータを用いた解析技術

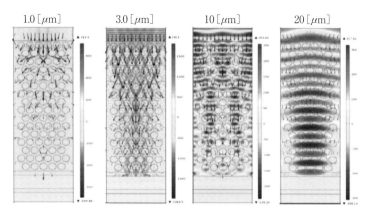

図 9.9 解析結果（電場強度分布）

の効果が著しい．逆に長い場合には吸収率が高くなっているが，これには粒子による電磁波の前方散乱効果が寄与していると考えられる．これらの傾向は，粒子径，溶剤と粒子との屈折率比および組成比によっても大きく変動する．実際のペーストの乾燥プロセスにおける最適波長を検討する際に，構成粒子の形状もしくは溶剤蒸発に伴う組成変化まで考慮することの重要性が示唆される．

9.10.3 ふく射乾燥炉内蒸発過程解析

最後にふく射輸送・物質移動（拡散モデル）・流体，の連成解析事例について記載する．図 9.10 にモデルの概要を示す．乾燥炉内における被加熱物進行方向中心軸上の地面に垂直断面内（図 9.10 上部の図で炉の断面部に相当）の 2 次元解析である．ふく射主体の場のもとで，下記に列記した各項目を同時に解析できることが特徴である．

　　各部温度，溶剤蒸発，蒸発に伴う膜厚み方向収縮
　　主成分沈降，膜内部溶剤拡散，毛細管力による溶剤移動，
　　膜内部バインダー拡散，バインダーの飽和析出
離散化において用いた主な手法を下記に列記する．なおふく射環境下での乾燥解析についての報告は存在するが，事例としてはきわめて少ない[9]．
・空間内ふく射：空間分割法
・塗布層内ふく射吸収：ふく射要素法

第9章 波長制御放射加熱システム

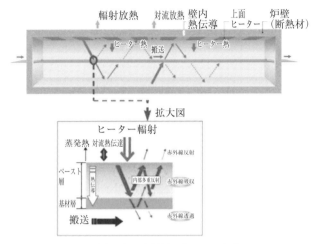

(a) 空間内放射エネルギー収支

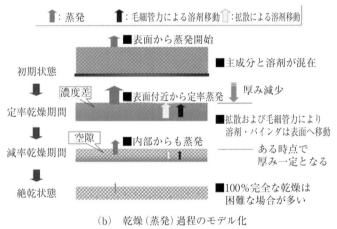

(b) 乾燥(蒸発)過程のモデル化

図 9.10 解析モデル

・塗布層内物質移動：有限体積法（蒸発による厚み変化考慮）
・炉内流体：有限体積法
・炉壁内熱伝導：差分法
・蒸気圧：Antione 式，物質移動係数：Chilton 式　等

図 9.11 に解析例を示す．被加熱物は塗布層を伴う金属箔で炉内を連続搬送

9.10 波長制御ヒータを用いた解析技術

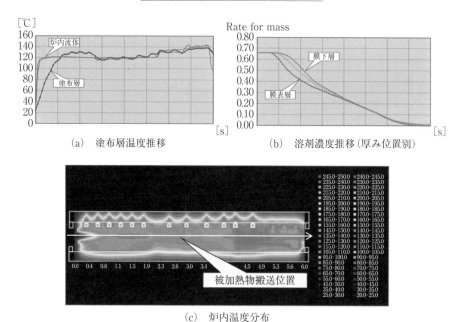

図 9.11 解析例

されるとし，9.10.2項の解析に用いたものと同一の組成とした．上部2つのグラフは塗布層および炉内流体の温度推移（分布），塗布層における溶剤の質量分率推移である．それぞれ横軸は時間（炉長さ方向寸法）である．塗布層においては，最終的な吸収率について光伝播解析による数値との相関を確認している．

温度推移等，近年実測との比較においても良好な一致を見るようになっている．図9.11(c)は炉壁部含む系全体の断面内温度分布であり，炉内上部のドットのように見える部分が近赤外選択ヒータの位置を示す．当該ヒータのもつ多重管構造が定式化上の難点のひとつとなる．現状では実際には複数曲面上の放射の重ね合わせを平均化された平面放射に換算する数学的手法を開発・採用することにより，一定の計算精度を実現している．

この他連成解析項目としては溶剤蒸発速度・塗布層内溶剤拡散係数・気相側揮発溶剤濃度等の各物理指標がある．これらの結果を比較検討しつつ，炉内におけるヒータ設置位置および給排気位置等の最適化に関する机上検討が可能で

ある.なお本プログラムを用いて,塗布層中の厚み方向におけるバインダー分布についてもいくつか条件付きのもとではあるが,連成解析可能である.乾燥過程におけるバインダーの偏析(マイグレーション)は製品品質に直結するため,その抑止策は急務である.当該分野では報告があるが[10,11],いずれもふく射が考慮されていないため,今後の検討課題のひとつである.

波長制御熱処理システムのエッセンスは,最も基本的には下記の4ファクターに集約される.とりもなおさずこの組み合わせの最適化に,ここで紹介したような数値解析プログラムの活用が必須である.

① 放射体(そこからの放射スペクトル)
② 光学フィルター
③ フィルターの冷却
④ ヒータの空間内配置

9.11 おわりに

本章では波長制御加熱システムについて概要を紹介した.以下要旨を簡潔にまとめる.
・遠赤外域での放射・吸収の波長合致による熱処理効率化は簡単ではない.
・逆に近赤外域に限定した波長制御加熱システムが実用化された.
・同システムは特に低温度環境下での水分乾燥に威力を発揮する.
・同システムにおける波長制御はあえて比較的ブロード放射を許容している.
・遠赤外域の波長制御は光学フィルターを用いて可能だが,開発途上である.
・実際の工程において,波長制御システムを効率的に運用するためには,空間構成方法がヒータ単体構造と同程度に重要である.
・波長制御空間を前提とした乾燥数値シミュレーション手法が確立されてきた.

現在までに,本技術関連で数件の特許登録が認可された.また多重管冷却機構の効果定量化を含め,大空間における波長制御という観点で理論面での整理をはじめ適用分野開拓,効果の検証等,方法論の体系化に向け少なからず進展が見出されている.しかしながら本技術は開発されてからまだ日が浅く,その

9.11 おわりに

効果・適用範囲が完全に認知・規定されているわけではない．したがって，本技術による効果の具体例等については，機会を改めて紹介させていただきたい．

今後の展開についていくつか記載する．用途としては，前述のように広くフィルムおよび箔上のコーティング乾燥に適用可能である．分野としては各種電池関連や有機EL等電子デバイスなどが考えられ，対象溶剤は水系をはじめとして，それ以外にも特に極性溶剤には相応の効果が期待される．技術的には，放射体について，前述の微細加工技術等を用いた，それ自体のスペクトル制御も検討されるべきである．並行して，各種光学フィルター素材の検討も必要性を増すであろう．

従来の赤外線による熱処理は，多くの場合，灰色体型のふく射空間のもとで実施されてきたこともあり，赤外域の特定波長における光と分子の相互作用についてはまだほとんど未解明といってよい．被加熱物内部で吸収された後の赤外線エネルギーはすべてが即熱に変換されるとは限らず，蒸発に直接寄与する等，波長によってその役割が異なるのかもしれない．一部発想の転換が必要とされる段階に来ているといえよう．加熱，特に乾燥プロセスの効率化を実現する上で，今後波長制御技術が一層重要な役割を担うと考えられる．

［参考文献］

1) 「特集：ふく射を放射する，ということ」の各解説論文
   伝熱 Vol. 50, No. 210, 2011
2) Kumano, T., Hanamura, K.：Energy Conversion from Thermal Energy to Spectral-controlled Radiation for Thermophotovoltaics using Porous Quartz Glass Media, Journal of Thermal Science and Technology, JSME, 6, 3, pp. 391-405, Oct, 2011
3) Kondo, Y., Yamashita, H.：Theoretical Analysis of Thermal Radiative Equilibrium by a Radiosity Method, Thermal Science and Engineering, 19, 1, 2011
4) 藤原邦男，兵頭俊夫：熱学入門，pp.166-167，東京大学出版会，1998
5) Kondo, Y.：Theoretical analysis of thermal radiative equilibrium in enclosed system and numerical analysis of temperature of substrate in enclosed system,

名古屋大学学位論文，2011
6) 板谷義紀 他：最新伝熱計測技術ハンドブック，pp. 229-235，テクノシステム，2011
7) 谷口博 他：パソコン活用のモンテカルロ法による放射伝熱解析，pp. 24-28，コロナ社，1994
8) Miyanaga, T., Nakano, Y.：Analysis of Infrared Radiation Heating of Plastics, T. IEE Japan, Vol. 110-D, No. 9, pp. 975-982, 1990
9) Miyanaga, T., Nakano, Y.：Analysis of Infrared Radiation Heating（Part3），Komae Research Laboratory Rep., No. T89073, 1991
10) 張躍 他：乾燥時のPVA偏析に関する数学的シミュレーション，日本セラミックス協会学術論文誌，101（1170），180-183，1993
11) 今駒博信 他：多孔体の対流乾燥におけるバインダー偏析モデルのスラリー平板への応用，化学工学論文集，37（5），432-440，2011

10 化学・素材産業における環境エネルギー技術

10.1 はじめに

　化学産業にとって環境エネルギー技術とは，リサイクル可能なエネルギー再生技術と捉えることができ，省エネルギー技術と概ね同義と考える．
　この章では，まず化学産業における省エネルギー技術と今後の技術展開に関して概論を述べた後，エンジニアリング指向型の省エネルギー検討の具体例として，著者が業務を通して経験したアセトン法 IPA（イソプロピルアルコール）製造プラント建設プロジェクトを紹介する．

10.2 化学産業における省エネ技術の展望

　化学プロセスの目的は構成成分の変換である．原料の構成成分を製品に求められる成分構成へ変換するための単位操作の組み合わせといってよい．成分を変換する基幹操作は反応と分離・精製で，それぞれ化学的な根拠に基づいて適切な操作条件が決まる．したがって，原料や中間製品を必要な温度と圧力へ高めたり，または低めたりする操作が必要になる．このため省エネルギー検討は，加熱したら後段でその熱を回収し，加圧したら下流で圧力エネルギーを回収するのが基本になる．
　本節では概論として，化学プラントの特徴と化学プロセスの特性から導かれる基本的な省エネルギー技術について述べた後，今後期待される技術展開について述べたい．
　化学プラントにはいくつかの特徴がある．まず1番目の特徴は，原料から製

品を得るまでの工程が長いことにある．原料は最初の工程で複数の第1次中間製品に変換され，精製されて次工程の原料となる．精製の目的は次工程にとって好ましくない成分を分離することにある．精製された第1次中間製品は次工程へ供され，再度の変換工程を経て第2次中間製品となる．製品によっては第5，第6次の変換工程を経ることも珍しくない．

2番目の特徴は，原料，中間製品，および最終製品も，液体あるいは気体であることが多いことにある．もちろん固体製品もあるが，その場合には粉体やペレットなどバルク状態であることが多いので，輸送設備や貯蔵設備も流体設備に近い．したがって化学工場にはベルトコンベアが少なく，代わりに配管が縦横に走っている．原料，製品の多くがタンクに貯蔵されるから，工場内には規模も形状も異なる多数のタンクがある一方，倉庫に該当する建物は屋外のタンクに比べて非常に少ない．

3番目の特徴は，各工程の構成が複雑でも単位操作は数種類に限定されていることである．一般的な単位操作としては，輸送，反応，熱交換，分離などがある．熱交換には加熱や冷却などの目的表現があるが，装置としての熱交換には変わりはない．目的ではなく機能別に整理すると，化学プラントを構成する装置は以下に限定されるといっても過言ではない（**表10.1**）．

したがって省エネルギー検討は上記の機能装置別に考えることもできるが，化学プロセスは全体が1つのシステムとしても機能しているので，全体プロセスとしての検討も同時に必要である．

表10.1 プラントを構成する装置（機能別）

装置	機能の概要
反応器	構成成分の変換
蒸留塔	沸点差を利用した分離
吸収塔	溶解度差を利用した分離
放散塔	低沸点成分の分離
熱交換器	高温流体から低温流体への熱回収
凝縮器	プロセス蒸気の液化
冷却器	冷却
加熱炉	燃料の燃焼によるプロセス流体加熱
ボイラー	燃料の燃焼による蒸気発生
回転機	流体輸送，圧縮

10.2 化学産業における省エネ技術の展望

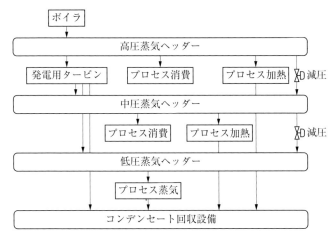

図 10.1 自家発電を中心とするコジェネレーションシステム

化学プラントの第4の特徴は，電力と蒸気の供給方法にある．大量の電力と蒸気を消費するので，効率よく供給するために自家発電を中心とするコジェネレーションを採用している．ボイラーでは 8〜12 MPa の高圧蒸気を発生させ，この高圧蒸気で発電するとともに，一部の蒸気をガスの圧縮機動力に使用する．プロセス流体の加熱に使用することもある．発電タービンの途中からは 2〜4 MPa 程度の中圧蒸気を抽気して，プロセス流体の加熱や動力に使用する．動力に使用して圧力低下した蒸気は，後段の低圧蒸気ヘッダーへ送られ，0.3〜0.5 MPa に相当する温度でも有用な熱源に使用される．このように，蒸気圧力を高圧，中圧，低圧に分けて，それぞれの温度と圧力に適した使用方法を選択し，コジェネレーションシステム全体のエネルギー効率を高くしていくことが必要である．（図 10.1）

以上に述べた化学プラントの特徴と化学プロセスの特性から，以下に概略する視点で省エネルギーを考えていくことが望ましい．

・原料から製品を得るまでの工程が長いので，一部の省エネルギー対策が他工程のエネルギー消費に影響を与える．総合的なプロセス検討が必要である．
・原料，中間製品，最終製品が液体や気体であることが多いので，ポンプや圧縮機などの回転機器が多くなる．回転数や流量などの制御系検討が必要である．

- 単位操作設備が数種類に限定されるが，設置基数が多い．したがって小規模分散型の省エネルギー検討が必要である．（ただし，設備ごとの視点と検討が他設備へ適用できる．）
- コジェネレーション設備を保有している電力と蒸気を供給することが多いので，発生蒸気の圧力設定と，電力・蒸気バランスの最適化検討が必要である．
- 最適な操作条件（圧力，温度）は原料と製品の種類と量，およびエネルギーコストで変化する．継続的に操作条件を確認し，エネルギー消費を最適化する運転管理的な検討が必要である．
- 一方で，設備の運転管理だけでは最適な運転条件に追随しきれない場合，設備改善も必要である．（要素技術が発達するので，高性能機器への更新が省エネルギー化へ寄与する．特に制御系がそうである．）

さて上記のような単位操作に付随する省エネルギー技術は重要であるが，実際にはすでに多くの対策が実機プラントの中で採用されてきている．このため，今後の更なる省エネルギー検討としては，単位操作不随型だけでなく，プロセスの変革を含む以下のようなエンジニアリング指向型の対策が大きな役割をもつと思われる（**表 10.2**）．今後これに資する技術開発を産業界に期待するところである．

表 10.2 エンジニアリング指向型省エネ検討例

要素技術を伴う対策	高機能保温保冷材の採用 低レベル熱源の有効利用 高性能触媒の採用
システム技術開発を伴う対策	コンピュータ制御による運転最適化 メンテナンス周期の最適化
地域的な協力を含む対策	近隣工場とのエネルギー融通

10.3 省エネルギーIPA（イソプロピルアルコール）製造プラントの例

10.3.1 プロジェクトの背景

以下，エンジニアリング指向型の省エネルギー検討の具体例として，著者が関係し，2013年に稼動を開始したアセトン法IPA（イソプロピルアルコール）製造プラントの建設プロジェクトについて述べる．

このプロジェクトの背景を説明するに先立って，フェノールについて触れておく必要があろう．フェノールは，2014年現在全世界で年間約940万トン製造されている石油化学工業の重要な基幹原料である．現在，世界で稼働しているフェノール製造プラントのほぼすべてがクメン法と呼ばれる製造方法を採用しているが，これは反応収率が高いという利点を有する一方，フェノールと等モルのアセトンが必ず副生されるという，事業上留意すべき課題を有している．フェノール需要伸長率に比べアセトンの伸長率が低い昨今の市場下にあっては，余剰感のあるアセトンの市場価格が下落し，フェノール事業収益を悪化させる要因となっているからである．(**図 10.2**)

イソプロピルアルコール（以下IPA）は，2014年現在全世界で年間約190万トン製造されている工業薬品であり，有機溶剤や消毒液などとして使用されている．IPAの製造方法としてはプロピレン水和法が世界の約8割を占め主流であるが，昨今は比較的安価なアセトンを原料とし，これを水素添加することでより付加価値の高いIPAを得るアセトン法プロセスを採用するプラント

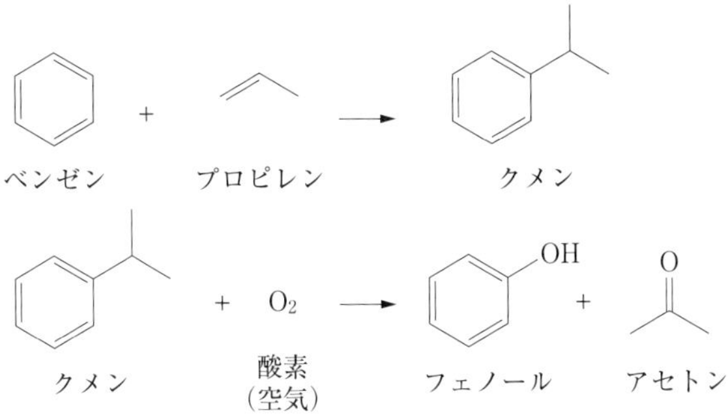

図 10.2 フェノール製法（クメン法）

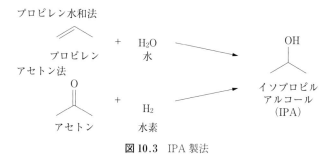

図 10.3 IPA 製法

がアジアを中心に出現し始め，市場競争力を持つようになっている．（図10.3）

そこで2010年，フェノール事業競争力強化を目的とし，日本国内にあったプロピレン水和法IPAプラントを停止しつつ，新たに年産6万トンのアセトン法IPAプラントを建設するプロジェクトを立ち上げた（スクラップ・アンド・ビルド）．

その際，新プラントのコンセプトとして掲げたことは，「世界最高のコスト競争力をもつこと，そのために徹底した省エネプロセスを構築すること」であった．

以下，この「省エネルギーIPA製造プロセス」を検討，構築し，実機化を果たすまでの流れを説明したい．

10.3.2　ラボスケール試験：触媒開発

アセトン法IPAプロセスおいて省エネルギーを図る上で最大の技術課題が，水添反応によって生じる反応熱をいかに有効利用するかであった．

一般にアセトンの水添反応にはさまざまな金属触媒が適用可能である．たとえば著者の所属する組織では，ラネーニッケル触媒を用いたアセトン水添反応器を有したプラントもあり，そこでは運転・設計に関するノウハウの蓄積もあった．しかしラネーニッケル触媒による反応では，アセトンの水素化分解反応が生じやすい，アセトンへの逆反応が起こりやすい，IPA製品品質に影響する副生物が生じやすいなど，特に高温下で顕著となる問題点が多くあり，反応温度を100℃以下の低温領域に抑えた運転を余儀なくされていた．このような

10.3　省エネルギー IPA（イソプロピルアルコール）製造プラントの例

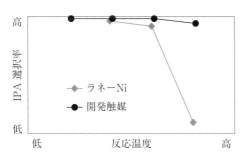

高温でラネーニッケル触媒を用いると主にメタン，エタン，プロパンといった炭化水素が副生し，IPA 選択率が大きく低下する．（水素化分解）

開発触媒では，高温（140℃）でも99.9％近い選択率でIPA が得られる．

図 10.4　IPA 選択率 vs. 反応温度～触媒の差異

低い温度レベルでは水添反応で生じる反応熱（70 kJ/mol）を工業的に有効に利用することは困難である．実際このラネーニッケルを用いたプラントでは反応熱はすべて循環冷却水によって冷却除去され，まったく有効利用されていなかった．

そこで，高温下でも前述のような問題を生じないアセトン水添触媒を適用すべく，さまざまな種類の触媒が探索された．結果，ある種の金属触媒において140～160℃の比較的高温下でも問題のない反応成績が得られることが見出された．（**図 10.4**）

10.3.3　パイロットスケール試験①：反応パイロット設備による反応成績の確認

プロセスの実機化においては，小試験（実験室内のフラスコレベル）の反応が，実際のプラントの反応器でうまく再現されないことが往々にして起こりうる．これは実機サイズの反応器の中で起こっている現象が，触媒形状，流体の速度や気液の分散性，触媒層温度分布，触媒活性の経時的劣化など，フラスコレベルの実験では再現することが困難なパラメータにも多く依存していることに起因する．したがって新規の反応器の実機化を考える際には，小試験の後，極力実機サイズ

図 10.5　反応パイロット設備

に近づけた実験装置にて反応成績を再確認しておくことが望まれる.

本プロジェクトにおいても実機で想定していた触媒層高をパイロット設備にて再現し,各反応パラメータ(温度,圧力,水素モル比,触媒量,流速,水分濃度, etc.)が反応成績に及ぼす影響を確認,最適な反応条件を導き出した.(図 10.5)

また同装置を用いた1年に及ぶ長期運転によって触媒寿命に関してもまったく問題がないことを確認した.こうして実機反応器の仕様を決定するに至った.

10.3.4 プロセス概念設計:蒸留精製システムの構築

アセトン水添反応で得られる反応液の組成は,主成分である IPA 以外にも,2%程度の水分,1～2%程度の未反応アセトン,その他数百 ppm オーダーの副生物(メタノールやアセトン2量体など)が含まれる.市場で広く販売しうる製品とするためには,こうした不純物は多くとも数十 ppm 程度にまで低減しなければならない.化学プロセスにおける製品の精製方法にはさまざまなものがあり,製品や除去すべき不純物の物性あるいは除去の難易度に依存して最適な手法が選択されるが,IPA のような液状製品の場合,まず蒸留操作に供さ

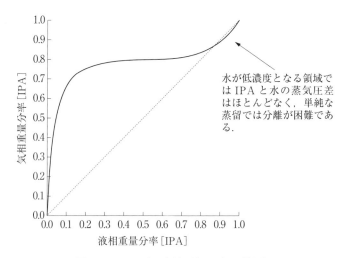

図 10.6　IPA-水:気液平衡図(y-x 線図)

10.3 省エネルギー IPA（イソプロピルアルコール）製造プラントの例

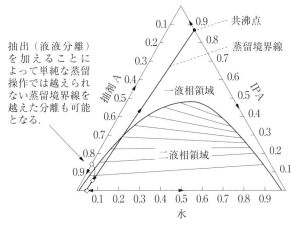

図 10.7 IPA-水-抽剤　液液三角線図

れるのが最も一般的な選択である．

さて IPA の蒸留設計を若干複雑にしているのが不純物としての水の存在である．IPA と水は，水が低濃度となる領域で共沸，あるいはそれにきわめて近い関係性があるため，単純な蒸留操作でこれを分離するには膨大な装置とエネルギーが必要となってしまうからである（図 10.6）．

そこで設計では，第3成分として抽剤を添加した，いわゆる抽出蒸留を行うことで共沸関係を解消し，リーズナブルなエネルギー消費量の中で数十 ppm オーダーまでの水分除去を目指すこととした．この抽剤にもいくつかの選択肢があるが，ここでは，分離に要するエネルギー量という観点に加え，過去の使用実績，入手の容易さ，製品品質への影響，などを総合的に勘案し選定した（図 10.7）．

さて，この水分除去のための抽出蒸留塔（脱水塔）を中心に，前段には未反応アセトンなど沸点が比較的低い不純物を除く蒸留塔（軽沸塔），後段にはアセトン2量体など沸点が比較的高い不純物を除去し製品 IPA を得る蒸留塔（精製塔）を配する3本の蒸留塔からなる蒸留システムを構築することとした（図 10.8）．

3本の蒸留塔の配置順にはいくつかのオプションが考えられるが，本プロジェクトでは，望む製品品質を得ながら全体エネルギーコストを最小とする観点

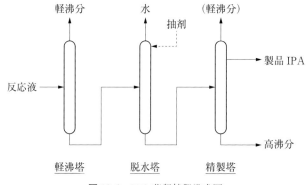

図 10.8　IPA 蒸留精製構成図

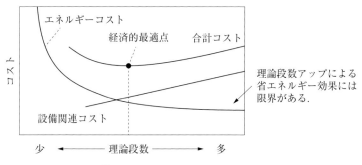

図 10.9　還流量（エネルギー量）と理論段数の関係（概念図）

で上記の配置順序がベストと判断している．

　個々の蒸留塔の仕様は，最終の製品品質を念頭に各塔での種々の不純物の除去量目標値を設定し，各塔で最も蒸留分離し難い不純物を指標物質として蒸留計算を行い，必要な理論段数，還流量（＝エネルギー投入量）を決定するのが一般的手順である．

　さて一般に蒸留塔は，理論段数を増やすほど必要な還流量が低減され省エネルギー方向となっていくが，その効果は徐々に減少し，ある段数以上の増加はほとんど省エネルギー効果を示さなくなる．一方で，理論段数の増加はそのまま装置の巨大化すなわち，初期投資額の増加や将来の保全費用の増加につながるため，理論段数には自ずと経済的最適点が存在することになる．本プロジェクトでもそのような観点で各塔の仕様を決定し，同時に各塔それぞれに供すべ

きエネルギー計画量を決定している（図10.9）．

10.3.5 プロセス概念設計～熱回収システムの構築

IPAの常圧における沸点は82.4℃，これは工業的に利用できるスチームにて容易に蒸留できる温度レベルである．よって通常の設計においては，設計が容易な常圧での蒸留を基本としたシステムが構築されることになろう．その場合，各塔の温度レベルが低く（＜100℃），かつ同等なので，蒸留塔間の熱利用は起こりえない．塔頂蒸気はすべて冷却水で冷却され，凝縮されるだけである．また反応温度が蒸留塔温度より十分高くなければ，反応熱が蒸留精製に有効利用されることもない（図10.10）．

本プロジェクトでは，水添反応によって生じた反応熱を可能な限り蒸留操作にて有効利用する熱回収システムを構築することとした．すなわち，アセトン水添反応器の反応熱除去を行う熱交換器をそのまま精製塔の炊き上げ（リボイ

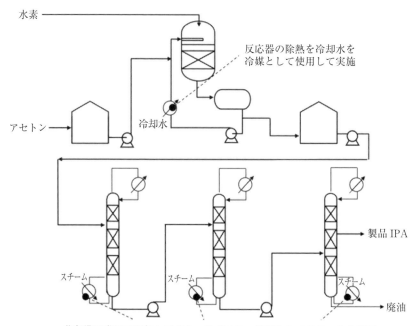

図10.10　通常の設計におけるIPA蒸留システム

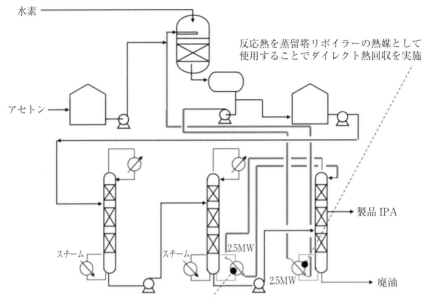

図 10.11 反応熱を有効利用した IPA 蒸留システム

ラー) 熱源とし,さらに精製塔搭頂の IPA 蒸気を凝縮する熱交換器をそのまま脱水塔のリボイラーとして利用する,というものである.なおこのような2段階での熱の利用を可能とするために,精製塔の運転圧力を常圧よりも高くし,塔頂蒸気温度を高める工夫も加えているが,これが可能なのも先の触媒検討によって反応温度を140℃付近まで高めることができていたからである.この2段熱回収システムにより反応熱の2倍の熱量を蒸留精製にて利用することができ,"通常設計"のシステムと比較して約 5.0 MW(GHG 削減 △1.6 t/h as CO_2)のエネルギーを削減することが可能となった(図 10.11).

ここまでの概念設計を実施した段階で行ったフィージビリティースタディー(採算性調査)では,徹底した省エネシステムの効果と,原料転換(プロピレン→アセトン)の効果が相乗して,従来法に比べ圧倒的なコスト競争力をもつことが示されている(図 10.12).

10.3 省エネルギー IPA（イソプロピルアルコール）製造プラントの例   213

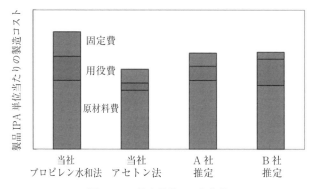

図 10.12　推定製造コスト比較

10.3.6　パイロットスケール試験②〜蒸留パイロット設備による製品試作

新しいプロセスに基づく製品を市場で販売するためには，試験的に作成した製品サンプルをできるだけ多くの顧客に事前提供し，使用上問題ないかどうかを評価してもらう過程が必要である．本プロジェクトにおいても，前述の3基の蒸留塔を模したパイロット設備を準備し（**図 10.13**），反応パイロット試験で得られた反応液を原料に製品を試作し，多くの潜在顧客に提供された．顧客でのサンプル評価結果は概ね良好であり，これにより技術的確度を深めることができた．

10.3.7　プラント基本設計

図 10.13　蒸留パイロット設備

各装置ベンダーへ発注する前段階にて，エンジニアが個々の装置の仕様を決定するために行う設計を基本設計という．本プロジェクトでも，前述の概念設計により確定したプロセスフローや運転条件をベースに，実際に設置する個々の装置・機器を設計した．基本設計を経て得られたプラント建設に関わる予想

投資額はフィージビリティースタディー段階より確度が向上している.

この投資額を元にプラント建設の決裁を取得した.

10.3.8 プラント詳細設計・建設

決裁取得後は,各装置ベンダーへの発注が行われ,より詳細かつ具体的な設計が実施され,機器製作段階へと移行する.これを詳細設計という.建設工事は杭打ちといった土建工事に始まり,次いで納入された機器の据え付け工事が行われ,配管工事によって各機器が繋がり,実機プロセスとして完成する.本プラントの建設は官庁検査を経て,2013年1月に完工された.

10.3.9 プラント試運転

新たにプラントを立ち上げるには通常数ヶ月間の試運転期間が設けられる.本プロジェクトも,2013年2月にプラント試運転を実施し,前述の熱有効利用システムを含め,プロセス全体が設計どおり機能することを確認した.再度の顧客サンプル評価も問題なく,2013年4月より営業運転に移行した.

現在もフルロードで稼働中であり,プロジェクトの目的であったフェノール事業収益の改善(副生アセトンの高付加価値化)に寄与している(図10.14).

図10.14 アセトン法IPAプラント

10.4 おわりに

　かつての触媒/プロセス設計は反応不純物が生成しにくい，触媒寿命の問題が少ないといった観点から反応条件が決定され，それを起点にプロセス全体の設計がなされるのが通例であった．こうした従来型（ケミストリー指向型）のアプローチでは多くの場合，より低温の反応が志向され，結果的に反応熱の有効利用が困難となってしまったプロセスが多い．

　しかし化学業界は国際的により激しい競争にさらされ，また環境負荷に対する社会からの要求も年々厳しくなっている．そうした中，プロセス全体の最終形をまずイメージし，プラント全体の省エネルギーに資することを目的として触媒設計を行う，場合によっては今回のようにあえて反応上不利な高温条件にて選択性を最大化するよう触媒設計する，といった逆方向のアプローチ＝エンジニアリング指向型アプローチも今後求められてくるものと思う．今回紹介したアセトン法IPAプロジェクトは，その概念を実験室レベルの確認から始め，プロセス設計を経て最終的に実機にて実践した．

　最後に，要素技術やシステム技術のさらなる進歩，あるいはコンビナートにおける地域連携といった環境変化がこれまで実現できなかったような省エネルギーを達成する可能性があることを改めて指摘しておきたい．プロセス設計に従事する者はそうした技術や環境の進歩・変化に通じ，あるいは自らその進歩・変化を働きかけ，常に一歩先の省エネルギーの可能性を追求する姿勢をもってほしいと思う．

索　引

〈ア　行〉

アセトン……………………………… 205
アセトン水添触媒…………………… 206
アセトン法…………………………… 205
アセトン法 IPA 製造………………… 201
アップドラフト……………………… 95
亜臨界………………………………… 128
イソプロピルアルコール………201, 205
一次エネルギー消費効率…………… 175
エコキュート………………………… 135
エコジョーズ………………………… 167
エコーネットライト規格…………… 53
エコワン……………………………… 169
エネルギー回生……………………… 36
エネルギー創出……………………… 36
エネルギー変換……………………… 80
　生物化学的変換…………………… 80
　熱化学的変換……………………… 80
　物理的変換………………………… 80
エネルギー利用形態………………… 80
エネルギー利用率………………… 33, 34
エンジニアリング指向型…………… 204
遠赤外加熱…………………………… 181
オゾン層破壊係数…………………… 141
汚　泥………………… 114, 125, 127, 128
温水暖房……………………………… 159

〈カ　行〉

化学産業……………………………… 201
化学反応式ヒートポンプ…………… 136
ガスエンジン…………………… 88, 96
ガスエンジン駆動ヒートポンプ…… 136
ガス化方式…………………………… 88
ガス給湯器…………………………… 157
ガスタービン…………………… 88, 97
ガスの全面自由化…………………… 179
活性炭吸着法………………………… 26
加熱蒸気……………………………… 9
カーボンニュートラル……………… 80
カルノーサイクル…………………… 2
乾燥工程……………………………… 184
間伐採………………………………… 86
吸収係数……………………………… 193
吸収式ヒートポンプ………………… 136
吸収スペクトル……………………… 183
吸着式ヒートポンプ………………… 136
吸着等量線…………………………… 150
給湯暖房機…………………………… 157
近赤外線……………………………… 184
近赤外選択ヒータ…………………… 185
クメン法……………………………… 205
ケミストリー指向型………………… 215
高位発熱量…………………………… 4
光学フィルター……………………… 191
高含水率有機廃棄物………………… 112
工業分析値…………………………… 115
光伝播解析…………………………… 193
高炉ガス（Bガス）………………… 37
コージェネ利用……………………… 87
コジェネレーションシステム……… 203
固体燃料……………………………… 123

固体燃料の燃焼過程·················· *119*
固定価格買取制度···················· *71*
コンバインドシステム················ *2,33*
コンパクトエコキュート·············· *146*

〈サ　行〉

再生可能エネルギーの固定価格買取り制度
　··· *83*
再熱蒸気·· *10*
自然冷媒·· *141*
充放電制御·· *53*
主蒸気·· *10*
循環型社会形成···································· *79*
省エネ制御·· *51*
昇温モード·· *149*
蒸気圧縮式ヒートポンプ··················· *136*
蒸気エンジン······································ *88*
蒸気タービン································· *88,95*
消衰係数··· *194*
蒸発過程解析····································· *195*
蒸留塔·· *210*
所内電力·· *7*
新エネ特措法······································ *81*
真空紫外線·· *28*
シングルハイブリッド······················· *173*
水素結合··· *185*
水熱処理··· *128*
スターリングエンジン····················· *88,99*
ストーカ炉··· *91*
スマートコミュニティ····················· *40,56*
スラリー··· *181*
成績係数··· *138*
生物発酵処理···································· *126*
世界のエネルギー消費量·····················*86*
石英管·· *185*
赤外線·· *182*
石炭混焼·· *14*
セラミックヒータ····························· *182*

ゼロエネルギーハウス······················ *178*
全一次燃焼バーナー·························· *177*
選択的触媒還元法······························· *23*
送電損失·· *42*
双方向システム·································· *36*

〈タ　行〉

大気圧プラズマ·································· *27*
第二種ヒートポンプ························· *153*
堆肥化·· *127*
太陽光発電（PV）······························ *42*
太陽電池·· *65*
ダウンドラフト炉······························· *95*
ダブルハイブリッド························· *173*
炭　化·· *125*
地球温暖化係数································ *142*
地球温暖化防止··································· *79*
窒素酸化物··· *17*
抽気復水タービン····························· *109*
抽出蒸留··· *209*
通年エネルギー消費効率·················· *139*
低位発熱量·· *4*
低 NO_x バーナー···························· *21*
低品位・低品質有機炭素燃料·········· *112*
デマンドレスポンス······················ *50,52*
デュロンの式································· *6,116*
電気自動車··· *40*
電源別発電電力量······························· *82*
電力広域的運営推進機関···················· *84*
電力自由化··· *84*
電力・蒸気バランス························· *204*
電力スマートメーター························ *54*
電力創出·· *40*
電力の全面自由化····························· *179*
トップランナー方式························· *139*
トラベリングストーカ炉···················· *91*

索　　引

〈ナ　行〉

二重効用……………………………… 151
二段燃焼……………………………… 22
入力-出力法………………………… 8
入力-損失法………………………… 8, 12
熱回収システム……………………… 211
ネット・ゼロ・エネルギー・ハウス…… 60
熱効率………………………………… 2
熱損失………………………………… 12
熱分解ガス化方式…………………… 89
年間給湯効率………………………… 144
燃焼電池……………………………… 99
燃焼方式……………………………… 88
濃淡バーナー………………………… 161

〈ハ　行〉

バイオマス…………………………… 79, 112
バイオマスコージェネプラントの設計 100
バイオマス事業の経済性評価……… 108
バイオマス発電所…………………… 100
廃棄物利用技術……………………… 112
バイナリー発電……………………… 88
ハイブリッド給湯・暖房システム…… 169
ハイブリッド製鉄所………………… 33, 37
波長制御……………………………… 190
発送電分離…………………………… 84
発電効率……………………………… 4, 11, 87
発電端効率…………………………… 7
半炭化………………………………… 125
火格子………………………………… 91
ピークカット………………………… 56
ピークシフト………………………… 56
ピークロード電源…………………… 83
ヒートポンプ技術…………………… 135
微粉炭………………………………… 14
微粉炭燃焼ボイラー………………… 92
フィラメント………………………… 185

フェノール…………………………… 205
ふく射輸送方程式…………………… 192
ふく射要素法………………………… 192
プランク分布………………………… 183
ブリケット…………………………… 123
微量元素……………………………… 19
微量成分……………………………… 117
プリンテッド・エレクトロニクス…… 181
ブレイトンサイクル………………… 2
噴流床………………………………… 91
閉空間………………………………… 190
ペイバックタイム…………………… 73
ペレット……………………………… 123
放射スペクトル……………………… 183
放射平衡……………………………… 190
ホームエネルギーマネジメントシステム
　………………………………………… 49

〈マ　行〉

マイグレーション…………………… 198
見える化機能………………………… 51
未燃焼………………………………… 15
無触媒脱硝法………………………… 25
メタマテリアル……………………… 183
メタン発酵方式……………………… 89

〈ヤ　行〉

有機ランキンサイクル……………… 98
有限要素法…………………………… 195
有効発熱量…………………………… 113
床暖房………………………………… 159
揺動（階段）ストーカ炉…………… 92

〈ラ　行〉

ランキンサイクル…………………… 2
ランプヒータ………………………… 186
林地残材……………………………… 86
冷却エア……………………………… 188

冷暖平均 COP ………………… *139*
冷凍モード …………………… *149*
ロータリーキルン …………… *95*

〈英　名〉

APF …………………………… *139*
CEMS ………………………… *53*
CO_2 排出量の削減 …………… *38*
CO_2 分離 …………………… *37*
CO_2 冷媒ヒートポンプ ……… *135*
COP …………………………… *138*
Duhring 線図 ………………… *150*
ECHONET Lite ……………… *53*
FAM …………………………… *151*
FIT …………………………… *83*

Fuel NO ……………………… *19*
GWP ………………………… *141*
HEMS ………………………… *49*
HEX モデル …………………… *41*
IGCC ………………………… *35*
N_2 分離 ……………………… *37*
NO_x ………………………… *160*
ODP ………………………… *141*
ORC ………………………… *98*
PID …………………………… *75*
P-T 線図 …………………… *149*
R32 ………………………… *173*
RDF ………………………… *123*
RPF ………………………… *123*
ZEH ………………………… *60*

環境エネルギー

2016 年 2 月 10 日　初版 1 刷発行

検印廃止

編　者　化学工学会　Ⓒ 2016

発行者　南條　光章
発行所　共立出版株式会社

〒 112-0006　東京都文京区小日向 4 丁目 6 番 19 号
電話　03-3947-2511
振替　00110-2-57035
URL　http://www.kyoritsu-pub.co.jp/

一般社団法人
自然科学書協会
会員

印刷：真興社　製本：ブロケード
NDC　501.6 / Printed in Japan

ISBN 978-4-320-08871-9

JCOPY　＜出版者著作権管理機構委託出版物＞
本書の無断複製は著作権法上での例外を除き禁じられています．複製される場合は，そのつど事前に，出版者著作権管理機構（TEL：03-3513-6969，FAX：03-3513-6979，e-mail：info@jcopy.or.jp）の許諾を得てください．

見つかる〈未来〉，深まる〈知識〉，広がる〈世界〉

共立 スマート セレクション

ダーウィンにもわからなかった
海洋生物の多様な性の謎に迫る
新シリーズ第1弾！

本シリーズでは，自然科学の各分野におけるスペシャリストがコーディネーターとなり，「面白い」，「重要」，「役立つ」，「知識が深まる」，「最先端」をキーワードにテーマを精選しました。
第一線で研究に携わる著者が，自身の研究内容も交えつつ，それぞれのテーマを面白く，正確に，専門知識がなくとも読み進められるようにわかりやすく解説します。日進月歩を遂げる今日の自然科学の世界を，気軽にお楽しみください。

━━━━━●主な続刊テーマ━━━━━
ウナギの保全生態学／地底から資源を探す／宇宙の起源をさぐる／美の生物学的起源／踊る本能／シルクが変える医療と衣料／ノイズが実現する高感度センサー／分子生態学から見たハチの社会／社会インタラクションから考える未来予想図／社会と分析化学のかかわり／他

【各巻：B6判・並製本・税別本体価格】

※続刊テーマは変更される場合がございます※

共立出版

❶ **海の生き物はなぜ多様な性を示すのか**──数学で解き明かす謎──
山口　幸著／コーディネーター　巖佐　庸
目次：海洋生物の多様な性／海洋生物の最適な生き方を探る／他‥‥‥‥‥176頁・本体1800円

❷ **宇宙食**──人間は宇宙で何を食べてきたのか──
田島　眞著／コーディネーター　西成勝好
目次：宇宙食の歴史／宇宙食に求められる条件／NASAアポロ計画で導入された食品加工技術／現在の宇宙食／他‥‥‥‥126頁・本体1600円

❸ **次世代ものづくりのための電気・機械一体モデル**
長松昌男著／コーディネーター　萩原一郎
目次：力学の再構成／電磁気学への入口／電気と機械の相似関係／他‥‥‥‥200頁・本体1800円

❹ **現代乳酸菌科学**──未病・予防医学への挑戦──
杉山政則著／コーディネーター　矢嶋信浩
目次：腸内細菌叢／肥満と精神疾患と腸内細菌叢／乳酸菌の種類とその特徴／乳酸菌のゲノムを覗く／植物乳酸菌の驚異／他‥‥142頁・本体1600円

❺ **オーストラリアの荒野によみがえる原始生命**
杉谷健一郎著／コーディネーター　掛川　武
目次：「太古代」とは／太古代の生命痕跡／現生生物に見る多様性と生態系／他　248頁・本体1800円

❻ **行動情報処理**──自動運転システムとの共生を目指して──
武田一哉著／コーディネーター　土井美和子
目次：行動情報処理のための基礎知識／行動から個性を知る／行動を予測する／行動から人の状態を推定する／他‥‥‥‥‥100頁・本体1600円

❼ **サイバーセキュリティ入門**──私たちを取り巻く光と闇──
猪俣敦夫著／コーディネーター　井上克郎
目次：インターネットの仕組み／暗号の世界へ飛び込もう／インターネットとセキュリティ／ハードウェアとソフトウェア他‥‥240頁・本体1600円

http://www.kyoritsu-pub.co.jp/